大是

ずるいマネジメント
頑張らなくても、すごい成果がついてくる！

好人主管的狡猾管理學

我自己來做還比較快？難怪你老是替部屬收爛攤
當主管該有的心理素質，
要從狡猾開始。

日本知名顧問公司經營者JP股份有限公司董事長兼執行長
井上和幸——著
劉錦秀——譯

Contents

第四章　團隊成員素質不一，這樣領導你才輕鬆 111

Contents

第六章　當主管該有的心理素質——向阿德勒學幾招　177

Contents

推薦序一

懂得用心機，才能當個快樂好命的領導者

利眾公關董事長／嚴曉翠

我一直對一件事很好奇，為什麼日本出版市場中，「職場關係心理」的書這麼多？特別是「主管與部屬相處之道」的書又更多。這些日文書往往很受臺灣出版社的青睞、陸續推出中譯本，看來在職場課題上，臺灣跟日本很可能存在著某些共同特性：我們從不把人跟人之間的關係，以專業知識用心經營；對於用心、用腦做好這件事的人，則習慣以狡猾、心機、城府這類的負面字眼來貶抑他們。

我認為貶抑善用心機的人，是很反智的行為；認為「當主管的人，只要複製自己過去被訓練的經驗，就能把部屬帶好」，也是一種不科學的行徑。主管

是「讓他人動起來、將任務完成的人」，如果對人多用心機，可成就組織及所有人的成功，何樂而不為？

本書作者有別於過去多數的日本作家，他不僅將「部屬管理」這門學問有邏輯的分類，並在每一個分類下逐步引導讀者思考理解。此外，更以多位歐美著名行為心理學家的研究支持佐證，包括目前相當熱門的阿德勒心理學。

書裡有一個貫穿全文的核心架構，就是「狡猾管理的原理原則」，包括下列四個重點：

1. 掌握部屬的類型。
2. 溝通時採用的態度。
3. 打造可讓部屬自動自發的工作環境及心理狀態。
4. 把工作步驟視覺化，讓部屬得以遵循。

事實上，這四點正是我過去念組織管理學，或組織心理學中的核心議題。

作者替讀者們把這類大部頭的課本消化後，濃縮出這四個要項，以輕鬆的方式，帶領你獲得這些身為管理者不可或缺的重要知識。

絕大多數的組織對於一個主管的升等評估，大多會著重在這個人的團隊帶領能力。也就是說，**主管能否不斷往上爬，來自於他是否能訓練出更多的接班人或實力堅強的團隊**。就像作者說的：「不得人心的主管很難繼續往上爬，能幫助你往上爬的永遠都是你底下的人。」

我的公司裡偶爾也有這類故事：某甲年紀跟資歷都稍長於乙，乙可能還是甲的學弟（妹），但進公司兩、三年後，慢慢的大家就會忘記兩人的年紀相仿、資歷相近，只會在每年進行主管考評時，看見乙在團隊中培養出越來越多和他一樣優秀的人才；而甲卻一直留不住人、部屬不是離職就是希望轉組，不斷在這樣的困境中鬼打牆。於是乙在公司中的職級就會慢慢高於甲，甲的職涯如果不能突破「領導」這個課題，就注定要永遠望著乙的車尾燈。

此外，我也有個有趣的發現。在威權家庭裡長大的孩子，一般來說，在管理與領導這條路上，會比起其他同期同事辛苦得多，發生上述某甲狀況的比例也更高。但我們何須讓自己的職涯發展，被原生家庭議題影響呢？這就需要本書提到的阿德勒心理學底下的「課題分離」。如同學習其他專業的知識一樣，把領導部屬這件事也當作專門知識來研究、實踐，一定也能有所斬獲。

推薦各位參考這本書，用點心機，相信你的職涯甚至家庭生活，都會獲得快樂與成功。

（本文作者嚴曉翠，現任利眾公關顧問股份有限公司董事長。輔大企管系畢業、政大傳播學院在職班碩士。一九八八年投入公關領域，二〇一二年自行創業。同時也是公關基金會董事及政大廣告系助理教授。）

推薦序二

身為主管，我太晚讀到這本書了！

作家／萬惡的人力資源主管

很多很多年以前，在閒聊的場合中，聽到一個朋友說他「最怕遇到第一次當主管的主管」。說這話的朋友大概不知道，那也正是我第一次當別人主管的時候。那段期間差不多只維持了一年半，而我幾乎是在這一年半當中，把主管這個職位該做的工作完全搞砸。

一個人之所以會被公司拔擢為主管，想必是當基層員工時，工作表現還不錯。一個績效很好的員工變成新任人力資源主管，大家應該都會有所期待：薪資結構、教育訓練、績效評量制度、招募員工的流程和效率……都可以說得出一些需要改革的地方。

我深信自己能為公司帶來嶄新的人力資源政策及配套措施，懷抱著崇高理想，外加事必躬親，我在星期一到星期五都從上午九點工作到超過晚上十點，除了星期天上午上教堂做禮拜以外，差不多整個週末也都在公司加班。

沒過多久，我成了部屬口中「換了位子就換了腦袋」的主管，之後又沒有多少時間，我就黯然離職了。

離職後我去念了碩士學位，上完了薪資管理、績效管理、財務管理、知識管理、專案管理，學會了各式各樣的企管工具：五力分析、策略地圖、平衡計分卡，卻在職場上又掙扎了幾年，才終於理解到，**所謂的管理，就是透過他人來完成任務**（如同本書裡說：主管是「讓他人動起來、將任務完成的人」）。要能做到這一點，人是最重要的因素。

那些希望每一個人都喜歡自己的主管、大小事情都管的主管、什麼都要自己動手做的主管、認為部屬應該和自己一模一樣的主管……往往都會以失敗收場；相反的，那些努力「讓自己不努力」的主管，才能成為懂得授權、明理、重視成果和效率的主管。

努力讓自己不努力？這說法實在太奇怪了。但仔細讀完這本書，就可以理解作者井上和幸的主張很有道理。

他認為成功的主管應該要表面很無害、內心很多戲（看到這句我大笑，這顯然是非常高深的境界啊），要盡可能把部屬能做的工作都交辦下去，要讓部屬和身邊的人比自己都更努力……歸納這些原則，井上先生用了「狡猾」一詞來形容這樣的主管，還寫出了這本《好人主管的狡猾管理學》。

重視績效，而不是投入的工時；組成多元團隊，並把工作推給部屬去執行……書中分享了乍聽之下和好主管的條件相違背的建議，不過認真思考後，你會發現，這些做法可以幫助自己做到勇於授權、培育部屬獨立、讓自己專注於更策略面的工作，最後你將有機會變成一個不過勞的好主管。

唉，我只能說，自己真的太晚讀到這本書了！

（本文作者為跨國公司的人力資源主管。二〇〇六年開始經營「萬惡的人力資源主管部落格」，對職場生存提出很多銳利的觀察與見解，得到上班族、社會新鮮人的強烈共鳴。著有《揭密！萬惡人資主管的良心建言》。）

萬惡的
人力資源主管
部落格

前言
主管「球員兼教練」，想贏不累垮，要狡猾

在這篇前言開始之前，先請問各位，面對下列這些情況，身為主管的你會怎麼做？

「有些事不管我講多少次，部屬老是擺爛不想做。」

「陪新進員工解決難題，他卻不懂得舉一反三，下次又得從頭教起。」

「A和B分別來找我談，我發現雙方都有問題，但他們又互相抱怨。」

「熬夜想出來的解決方案，底下的人卻不賞臉，用各種意見表示不可行。」

「部屬拍拍屁股下班回家，主管的工作永遠做不完，不斷惡性循環。」

「我明明也一堆事忙得要死，哪來的美國時間開導部屬啊？我又不是心理諮商師！」

「為何開會討論事情的時候，部屬永遠一臉呆滯、不知所措？」

「結果他早早下班，辦公室只剩我這個主管忙到七晚八晚，像話嗎？」

如果你看了以上狀況點頭如搗蒜，也許你早在不知不覺中，成了老是被底下的人吃死死的主管。但抱怨歸抱怨，你還是希望整個團隊的業績越來越好，對吧？而且，身為主管不是該把事情交辦下去、早早回家爽爽過嗎？偏偏**有很多人錯把「管理」當「教育」，導致每天工作越做越多、帶人越帶越灰心**，一天比一天沮喪，還沒贏得勝利就先累垮。為此，你需要狡猾管理學。

超狡猾的管理法怎麼做？具體操作的小撇步，本書一次告訴你。

主管限定，部屬不要（在主管面前）看

不過，我還是要鄭重呼籲：各位主管，絕對、千萬別讓部屬讀這本書。

本書是一本完全站在主管、領導者的立場，採用與你相同的視角觀察、撰

寫的職場帶人技術手冊。書裡提供了許多能讓部屬乖乖聽話的具體做法，可說是主管的聖經、部屬的剋星。如果你不慎讓底下的人讀了這本書，他們或許會覺得「主管怎麼這麼狡猾？」而忿忿不平。

因此，如果你是那種一天到晚惹主管生氣、被電到飛起來的帶屎部屬，請你一定要假裝不知道這本書的存在，不然你的職場生涯只會更痛苦。

但換個角度，若你**想預先知道主管會出什麼招，不想等見了招才來拆招的話**，不妨先看看本書所講述的種種招數，除了能起防範之效外，也許有一天換你當主管時，也能派上用場。

而為了讓本書發揮最大功效，我強烈建議主管們，找個部屬看不到的地方閱讀，看完之後最好還要把書好好藏起來。

因為我在這本書裡，給各位主管的建議是：

- 怎麼從「好人管理」轉換為「狡猾管理」？
- 如何從「人超好主管」變身為「超狡猾主管」？

・各種努力「讓自己不努力」的具體做法。

類似這些離經叛道、前所未聞的管理方法，絕對會令各位嘆為觀止，卻又躍躍欲試。這些做法其實也沒什麼特別，你身為主管、領導者，唯一的任務就是帶領整個團隊邁向成功，只要心中有這種「不成功，便成仁」的堅持，其他的具體做法都可以慢慢學習。

一旦學會這招，就能讓你輕輕鬆鬆當主管，**明明盡情使壞，卻又廣受愛戴，讓部屬逢人便稱讚你，說自己遇到了一個最明理的好主管**——這樣不叫狡猾，什麼才叫狡猾？

和舊觀念「對著幹」，是邁向成功的捷徑

所以你會在接下來的章節中，讀到許多乍看之下和舊有概念「對著幹」的內容。但是，這些建議絕對不是在標新立異。相信各位閱讀之後，就會慢慢了

解這些內容，其實就是讓主管及領導者，能夠率領團隊邁向成功的捷徑。

筆者現任經營者ＪＰ股份有限公司的董事長兼執行長，敝公司是一家專門將人力訓練為經營、管理階層的人才顧問企業。此外，我也擔任經營人才和組織策略的顧問，不斷研究各種提高經理人的經營、領導、專業、轉職能力的有效方法，並以傳達這項理念為終身職志。

後來，我不但從職場實務中，歸納出一套獨有的成功方程式，也將這套理論以淺顯易懂的方式，應用於各企業及個人客戶，迄今已有超過八千位經理人因而受惠。在面談中，我常聽到他們訴說自己的煩惱。例如：

「我真的非常努力，但不管我怎麼循循善誘，部屬就是不開竅、業績始終不見好轉，怎麼辦？」

「我私底下非常照顧部屬，可是他們沒人知道我的辛苦，整天只會跟我嘻皮笑臉，根本拿不出任何實質成績。」

為了協助更多這類「球員兼教練」的苦命主管、領導者做好管理工作，我決定動筆寫書，你手上這本《好人主管的狡猾管理學》，就是我最得意的集大成之作。

主管究竟該怎麼管理，才能成功讓部屬動起來？而在活絡團隊的同時，主管又該如何讓自己保持最佳狀態？

讓我們繼續看下去。

第一章

狡猾管理前，熱身運動

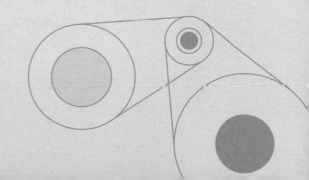

1 老是當好人，難怪你累

為什麼那個人可以早早回家，團隊的成績又這麼亮眼？

現代職場上「球員兼教練」的主管越來越多，他們多半都是蠟燭兩頭燒，既要做自己的工作、又要管理團隊。

根據二〇一三年日本產業能率大學的調查，在上市企業擔任課長的人，有九九・二％都是球員兼教練。意即，在身兼管理職之餘，他們還是得和底下的部屬做一樣的工作。

實際上，「底下有人」就表示，自己原先的業務，其實有一部分（甚至全部）是可以交接給部屬的。換句話說，雖然你背負了管理職務，但原本手頭上的工作負擔可以同時減輕——這理應是正常的狀況，卻大多事與願違。

事實上，各種主任、經理等管理者，**最大的煩惱就是「部屬不受教」**（根據上述調查，有四〇％的人有這個煩惱）。在工作負擔完全沒減輕的狀況下，自己必須另外抽出時間培育部屬，只為了提升業績、壯大戰力，然而，偏偏被教育的一方缺乏慧根，令主管傷透腦筋。

「不管我講多少次，部屬就是叫不動」、「明明教了好多遍，就是聽不懂」……大家的煩惱、心中的吶喊，我都聽見了。

但是，即使狀況這麼不堪，我想各位為了顧及為人主管的尊嚴（還有公司的年終考核），表面上還是會裝沒事、故作瀟灑的表示：「我做得很開心呀！」、「帶人哪有什麼難，看我的！」

明明替部屬擦屁股擦得一肚子火，還是得一肩扛起責任，自欺欺人的說出「好！我知道了」、「我明白，我會處理的！」這些違心之論。有時**為了激勵士氣低迷的部屬，甚至不得不把自己好不容易拿到的案子雙手奉上……**。

諸如此類的狀況實在太多了，一直硬撐下去的結果當然就是身心俱疲；更慘的是，或許某天你會突然因過勞而病倒，把身體健康也都賠了進去，那可就得不償失了。

有效率的人早就下班了

我認識某位球員兼教練的小主管，曾遇過下列狀況。

他任職於某間大公司，每天忙得要死，但他實在很好奇，為何隔壁那位帶領龐大團隊的〇〇經理，可以怡然自得在各個部門或客戶公司串門子、到處玩樂？更不可思議的是，該工作團隊的業績好得嚇人，年年勇奪公司之冠。

「有這麼好的業績，這位經理一定非常認真吧？」這位小主管抱持這種想法四處打聽，得到的回答卻是：「〇〇經理從來不加班。」、「下午五點後或是週末，〇〇經理不是去參加聚會、就是揪團去運動，快活得很！」

聽到這裡，我的小主管朋友就崩潰了。「怎麼會這樣？我天天加班，甚至連週末也在工作，但業績卻始終差強人意。而〇〇經理每天準時下班，底下的團隊業績竟然這麼出色？莫非他的成員個個能力過人？真令人羨慕。」

故事說完了，我想請各位一起動動腦，弄清楚這到底是怎麼一回事。答案將在下一節公布。

2 你努力不懈，變成不敢放手

延續上一節的話題，○○經理每天準時下班的理由究竟為何？

我這位主管朋友其實已經猜對了一半，○○經理的團隊的確非常優秀，而他自己之所以能夠準時下班、享受生活，是因為懂得讓團隊分工合作，自然不必一個人過度努力。

切記：凡事一手包辦，並不是領導者該做的事，因為工作不是個人秀，不是光你一個人努力就夠，你得讓整個團隊動起來。

話又說回來，你是不是**把超時工作的勤奮認真，誤認為是「努力」**了？許多只會做事（不會做人）的經理，都認為「我不在，團隊和公司就無法運作」。事實上，這種過度自我膨脹的價值觀，有不少人是自己給的。

我把這種現象稱為「不敢放手症候群」。這類主管不敢把手頭上的業務丟給部屬、成天抱著工作「努力不懈」。就如前文所述，這種人下意識認為團隊少了自己就無法運作，所以每天都加班到很晚，甚至連週末假日都跑來公司。

大家發現了嗎？這當中隱藏了一個陷阱。其實很多人是在**藉由自己的「努力狀態」，來滿足「自我重要感」**（認為自己的存在對公司、對生產線而言，是無人可以替代的一種自我滿足感）。

因此，我建議你快點從濫好人的「好人管理」，轉換成「狡猾管理」。首先，你要試著戒掉這種過度膨脹的自我重要感。

「我自己做還比較快」的主管難成大器

當然，身為主管，你絕對有不可或缺的存在價值。但是，**你應該要做的工作並不是那些「尚未託付給部屬的業務」**。

凡是部屬應該做、會做的業務，你都該用力交辦出去。身為主管的你要做的是更高階、更具挑戰性及創意的工作。

如果不這麼做，你對工作的熱忱將會逐年遞減。這樣公司升你為主管、給你高薪就沒有意義了。

說得更白一點，那些被「現階段任務」搞得焦頭爛額的人，都是因為沒有把能交辦出去的工作交給部屬去做；唯有著手進行更高一層業務（例如管理團隊的進度、安排下個月的行程）的人，才有機會被公司賦予更高階職位。

換言之，你應該要滿足的自我重要感，並非來自「如果我不努力，整個團隊、公司就無法運作」的心態；而是要追求「我得試著接下一、兩個水準更高、規模更大的業務，這個團隊、這個事業、這家公司才會更好」。

這就是好人主管和狡猾主管，雙方在心智和高度上的差別。

因此，努力「讓自己不努力」非常重要。一旦你內心有了：「真是的，這些笨蛋部屬在搞什麼，我來好了！」、「這個步驟這樣做比較快！」的想法，就要強忍下去、絕不輕易插手，換句話說，有時你必須**刻意放過自我表現的機會，讓底下的人自己去摸索**。

關於如何努力「讓自己不努力」，我會在之後的章節說明，希望大家可以從實際案例中學習。

3 你負責決策管理，還是擦屁股？

人的時間都是有限的，我們每天都在接受「分配時間能力」的考驗。

我開設的經營者ＪＰ股份有限公司，提供各家企業在經營上的建議，除了要給老闆、高階主管各種意見之外，還要協助經營團隊組織高層陣容、招聘外部人才、培育內部人才、提拔新人等。

客戶經常問我們：「主管的工作是什麼？」我通常會列舉下面三件事：

- 決定部屬的方向和目標。
- 資源統籌及分配。
- 貫徹執行的動機和進度管理。

上述三點才是老闆和高階主管該做的工作。儘管本書的意旨，是要讓大家從「好人管理」轉換成「狡猾管理」，但仍然不能脫離這三件事的範疇。

公司託付給你的團隊，目標究竟是什麼？你一定要明確提出短、中、長期的努力方針及具體方向，並成為團隊所有成員的共識。

然後，再根據這個方針、方向分配成員的工作，並**視情況追加、更換不適任的成員**。最後，你得針對如何達成目標提出具體做法，並貫徹動機、加強執行面、管理進度，與所有成員分享成果。

以大局為重，你必須要點小手段

設計整體流程時，最重要的是思考「該採取何種合理的狡猾手段，好讓流程更順利」。不論你是企業、組織中的最高負責者也好、球員兼教練的主管也罷，身為領導者，企業託付給你的任務永遠都是「制定可透過團隊達成目標、獲得利益的做法」，此為你的最終目標。你必須以此為起點，**放膽分配**、**組合**

團隊成員的工作或職務。

另外，由於你是團隊負責人，必須以大局為重，為了自己（或全體）的現在和未來，你一定要懂得運用狡猾管理學，而非只做些吃力不討好的工作。

以下是好人管理和狡猾管理的不同之處。

・好人管理

主管或領導人成天忙著為部屬及周遭的人擦屁股，無法帶領團隊走向成功；或是只能把眼前的工作做好，無法獲得提升自己工作能力或職位的機會。

・狡猾管理

可透過各種手段，讓部屬或周遭的人比你更賣力工作。主管或領導者能藉著成員動起來，引導整體團隊走向成功，並讓自己有時間和機會，提升工作能力和職位。

在後續的章節中，我會替各位介紹狡猾管理的各種實踐方法。不過，在這之前，我想先向大家說明**狡猾管理背後的原理及原則**。這些理論皆出自我的親身體驗，保證有效且簡單明瞭。

若能掌握這些原理原則，你在實踐狡猾管理時將更得心應手，還能神奇的驅使部屬，去做那些你自己其實根本辦不到的事。但如果有讀者迫不及待想實際應用狡猾管理學的話，可以跳過第二章，直接閱讀第三章也無妨。

第二章

如何讓部屬願意去做那些，你自己辦不到的事？

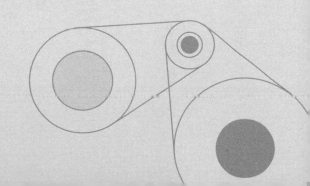

1 什麼樣的團隊會自己動起來？

在本節開始前，請各位想像以下的畫面：

你眼前有幾位積極、熱絡交換意見的團隊成員，他們兩眼閃閃發光，愉快的針對不同專案準備會議資料、討論顧客攻略法。

其中一位成員問你：「課長，這個案子你怎麼看？」

就在你看到資料的瞬間，和這個案子有關的過去經驗、成功體驗、客戶的要求等，全都湧入了腦海。稍加整理之後，你開口建議：「我覺得不錯，可以用A方法進行。因為……。」

這位討教的成員聽了馬上表示：「沒錯，確實是這樣，我們馬上就照著你的方法進行。」

其他成員看到你們的對話之後，都對你流露出信賴的眼神。

之後，團隊成員除了在辦公室的各個地方積極交換意見，還繼續熱絡的透過電話等工具聯絡客戶。

儘管你什麼指令都沒下，但這些**訓練有素的部屬，已開始自動自發的進行**每件案子和相關業務。

換句話說，如無必要，為人主管的你根本無須插嘴、甚至不必出面，這是多麼幸福的一件事。

這樣的工作畫面是不是很理想？那麼，你目前所在的職場又是什麼狀況？

你如何讓他人自動？

主管的工作究竟是什麼？古今中外的定義大不相同。最符合我個人想法的定義是：「讓他人動起來、完成任務的人」。意即讓部屬，或是讓上頭的人、同事、外部人士，甚至是經營團隊動起來，並完成企業的活動、公司的目標，這就是主管的工作。

這時，「團隊」必然會出現。廣義而言，團隊二字並不侷限於你管理或負責的組織，所有外部人士參與的專案，甚至和整體事業有關的價值鏈等，都可囊括其中（不過，本書提到的團隊，皆指由你直接管理或負責的組織）。

總而言之，主管是「讓他人動起來、將任務完成的人」。

現任教於哈佛商學院MBA（工商管理碩士）執行力教育課程的艾美·艾蒙森教授（Amy C. Edmondson），曾寫過一本管理名著《團隊編組：組織如何在知識經濟中學習、創新和競爭》（*Teaming: How Organizations Learn, Innovate, and Compete in the Knowledge Economy*）。原文書名中的「Teaming」，是為了詮釋「合作執行」的狀態而創造的新名詞，意指團隊成員彼此互相聯絡、編組、分工的過程或步驟。

艾蒙森教授在書中提及的各項要點，簡單整理如下：

・大前提：有關事業活動的資訊，都要向團隊成員公開，和團隊成員一起共有。不論是何人、何時，只要上網就可以確認相關資訊，意即實施共享管理（Open book management）。

- **最重要的是**，主管必須樂在工作，對團隊成員而言，這是一種模範。
- 必須和全體成員共有目的和目標。團隊有共同的目的和目標，才能激發工作的熱情，並創造共同的願景。
- 團隊的定位要明確，各個成員所扮演的角色、任務要具體明瞭。
- 團隊必須是一個可以讓成員放心的地方。也就是說，確保每一位成員都可在安心的狀態下於團隊裡工作（沒有失業風險，或至少要降低失業風險。每一位成員都能認同自己是這個大家庭的一分子）。
- 鼓勵眾人挑戰程序及制度。打造勇於行動的機制和氣氛，讓團隊變成一個**勇於嘗試、不怕失敗的地方**，創造「高明失敗、快快成功」的風氣。
- 常辦討論會，把成功的經驗、學到的法則化為可傳授的知識，醞釀由衷互相鼓勵的企業文化。
- **打造出一個「不學習、不採取行動者會受排擠」**的環境。

如果這樣的團隊能夠成形，組織或企業一定可以如虎添翼。當然，要創造一個能滿足以上所有條件的團隊並不容易，但只要稍加改變一下過去的觀點或行動，或是稍微放下肩膀上的重擔，改用狡猾管理，你就有可能打造出一支堅強的工作團隊。

2 先搞清楚，部屬重人情還是求表現

狡猾管理中，**掌握部屬為何種人格類型**，也是不可或缺的重要原則。

如果用心理學來分析人物類型，從四種、六種、九種、到數十種都有，甚至可以細分成數百種，大家一定會眼花撩亂，即使想記也記不起來。

不過，請放心，只要掌握以下兩種類型，就完全沒問題了，因為對所有的管理狀況幾乎都適用。

這兩種類型就是「人際導向型」和「任務導向型」。

人際導向型的人，以人際關係作為選擇和採取行動的依據。他們會捨棄指示的內容，而以「這件事為誰而做」為優先。這類型的人**非常重視信賴關係**，害怕招惹他人厭惡，因此，他們的工作方式，常因為人情壓力的關係而不按常理進行，這在某些人眼裡看來非常厭煩。一般而言，會被稱為「好好先生」或「管家婆」的人，就是這類型的人。

而**任務導向型的人**，則奉行任務至上主義，把「完成使命」放在第一位、工作上力求表現，以能順利把事情辦好的方法為優先。這類型的人**非常重視實力和實際的成績**，**最忌諱自己的工作步調被打亂**。那些工作效率好、或被視為「孤狼」的人，大多是這一類型的人。

問題來了，為人主管的你，是哪一類型的人？你的部屬又是哪一類型？

重人情的部屬你得多問，求表現的部屬你要放手

對於工作方式，**人際導向型的人**，**習慣聽從委任者提出具體指示**。如果你的部屬是這類型的人，他會非常渴望主管的領導。你得從一開始就詳細說明「我希望你如何進行這項工作」，說得極端一點，就是一個口令、一個動作的指導對方，讓他完全照你設計的流程行動。

相對於人際導向型的人，**任務導向型的部屬不喜歡被過度干涉**。當他們初步了解相關課題及目標指示後，就不希望上頭過問太多。如果你的部屬是這類

圖表2-1　人際導向型和任務導向型的差異

人際導向型

重視人際關係，會依據彼此的親疏遠近採取行動。

- 重視人際關係，他越信賴你，就越願意替你賣命。
- 害怕被討厭。
- 希望對方下指示，清楚告訴自己該用什麼方式進行。

任務導向型

奉行任務至上主義，以能順利把事情辦好的方法為優先。

- 重視工作實力和實際成績。
- 力求表現、總是想拿出最好的一面。
- 不希望別人對自己的工作方式過度干涉。

型的人，身為主管的你就不需提出過多的指令，否則他們反而會心生反感、甚至疏遠你。有個小祕訣，碰到這類型的部屬，你只要說一句：「這件事就交給你辦了。」即可。

總而言之，主管即使採用同樣的方式下達指令或溝通，往往會因為部屬類型的差異，而得到截然不同的反應，你必須先有這樣的認知。

順道一提，若用這兩種類型來替主管分類，人際導向型的主管，待在制度齊全、氣氛和諧的公司會很吃香；反之，若待在突發狀況多、不巧又在重整階段的企業就會比較吃虧。

但是，任務導向型的主管正好相反。碰到必須馬上做危機處理的狀況、或是公司正好面臨轉型期時，這類型的主管會卯起來拚命工作、表現特別搶眼。相對的，這類主管如果待在制度健全、事業已上軌道的公司，就會較為弱勢。

想精準管理部屬行為，先搞清楚他們到底比較重視人際關係、還是重視工作表現。要為管理方向定調、採取行動，或是要確認自己的管理風格時，可先用這兩種類型區分，讓不同的人在正確的位置發揮最大的工作效能。

3 說話時貫徹這種態度，他動起來但不亂來

身為主管，每天都會用各種態度和部屬對話。你和部屬談話時，是如何聆聽、怎麼回話的呢？

實際上，主管和部屬對話時的態度，大抵不脫下列五種模式：

・診斷式態度：不斷追問「為什麼」，要聽部屬說明事發理由、解釋犯錯原因，企圖從中釐清脈絡。

・評價式態度：對於部屬的發言，總是習慣加入自己認為好或不好的評價，以自身的價值觀評斷他人。

・解釋式態度：部屬說完之後，主管總要加入自己的解釋，例如，「所以這件事應該是A，不是B，我說的才對。」

- 支持式態度：「是的，我知道」，習慣用這類回答表示自己贊同部屬的做法。
- 理解式態度：讓部屬感受到你「深表同感」，或「能夠理解」他的煩惱及發言。例如，「原來是這麼回事。我能夠理解你想說什麼了。」

一味的附和或贊同，小心部屬賴著不走

基本上，狡猾主管和部屬對談時，**採用「理解式態度」最佳**。

不只在人力管理上，任何關係都一樣，多給彼此一點空間（甚至放縱），他會做得更好。一般主管和部屬對話時，都會不斷反覆說：「為什麼？」（診斷式態度）、「你這樣不行！」（評價式態度）、「這件事就是這樣，沒別的可能！」（解釋式態度）但是，這些都是下指令的用語，將有礙部屬的自我發展或自主性。

那麼「是的，我知道」這種支持態度就ＯＫ了嗎？很抱歉，答案也是否定

的。為什麼這種態度也不可取？

這種讓部屬覺得「贊成」的聽取方式，雖然馬上就能達到支持的效果，但卻有副作用——這將會**強化部屬對主管的依賴**。表面上，主管好像接受了部屬的說法，但是這種態度和前三者一樣，嘴裡說「同意」，其實你還是在把自己的意見強塞給部屬，要他照你的意思去做。當然，若雙方看法一致就沒問題，但當彼此的想法有出入時（但你明明說「我知道」），部屬或許就會**把你的不同意，解讀成一種背叛**。

因此，你應該優先採用「理解式態度」，讓對方感受到你的理解及共鳴。接著，再以不帶任何立場的口吻（由衷）表示：「不論我同不同意，對於你的意見和發言，我都理解並尊重。」

如果部屬拋出來的問題較為複雜，例如創意發想、尋求對策時，你就混合使用上述五種模式。總而言之，請務必建立系統性（有條理、有脈絡，可讓人預期）的溝通方式。

4 讓部屬（覺得）自己做決定，他更有幹勁

前文提過，狡猾管理可讓部屬變得自動自發，其根據的原理就是「內在動機理論」（Intrinsic Motivation）。

這是由美國心理學家愛德華．德西（Edward L. Deci）提出的理論，他把透過工作或付出勞力才可獲得的動機，稱為「內在動機」；而匈牙利裔的心理學家米哈里．奇克森特米海伊（Mihaly Csikszentmihalyi），更進一步把這種動機帶來的感覺稱為「心流體驗」（Flow Experience）。

而相對於內在動機的「外在動機」（Extrinsic Motivation），就如同俗話說的「胡蘿蔔和棒子」，是一種來自外部的動機，例如，金錢、賞罰等。

根據德西的內在動機理論，**人在感受到「自己有才能」和「自己做決定」時，才會積極採取行動**，感受到這兩種因素之後，人就會因為希望自己更有才能、追求自我決定的感覺而更顯幹勁。簡單來說，在內在動機的驅使下，人們

以自由意志完成任務時的表現，會比來自物質獎勵的驅動更好。

另外，根據奇克森特米海伊的理論，「心流體驗」是指「個體因感受不到恐嚇和威脅，才能自由投入、達成個人目標的狀態」。簡單來說，當個體處於心流體驗狀態時，就會深深被眼前的工作吸引。這時他不但會心情愉快，還會覺得上班的時間過得非常快。

因此，**與其用金錢誘惑，不如讓部屬在完全沒有心理負擔的狀態下投入工作**，將更能創造出令人眼睛一亮的業績。

工作環境令人不耐，但工作本身給我成就感

相似的理論還有「激勵保健理論」（Motivator-Hygiene Theory，又稱保健二因理論、雙因素理論）。這是由美國的行為科學家弗雷德里克．赫茨伯格（Frederick Herzberg），和美國匹茲堡心理學研究所（Psychological Service of Pittsburgh）的多位研究員共同提出的理論。

赫茨伯格及該研究所的同仁，以問卷訪問了當地十一個機構，約兩百多名工程師、會計師和經理級的工作者。問卷上只問了兩個問題：「工作上什麼事情會讓你覺得不愉快？什麼事情會讓你覺得很滿足？」研究發現，**不愉快的因素多和工作環境有關，令人滿意的因素則大多來自工作本身**。

換句話說，人對工作感到不耐時，會把關注點放在「工作環境」；人對工作覺得滿意時，則會把關注點放在「工作本身」。赫茨伯格將前者稱為「保健因素」（環境因素），後者稱為「激勵因素」（意願、熱情因素）。只要改善保健因素（提供工作環境品質）就能消除不滿，但唯有給予正向的激勵（肯定其工作表現），人才會覺得自己做的事情有意義。

保健因素及激勵因素，替各位簡單整理如左頁圖表2-2。

興奮感容易流逝，你得持續提高刺激

我過去服務的瑞可利人力資源集團（Recruit Holdings，為全日本五大人力

圖表2-2　保健因素及激勵因素

保健因素

- 政策及管理措施。
- 主管的監督方式。
- 工作條件
（包括業務量分配、上下班時間是否正常等）。
- 人際關係是否良好。
- 金錢、身分、安全是否受到保障。

激勵因素

- 工作有明確目標。
- 表現獲得肯定。
- 能做有挑戰性的工作。
- 上頭賦予的責任加重。
- 可自我提升和成長。

資源公司之一）認為，能持續獲得更有挑戰性的任務，就是工作帶來的最大報酬。因此，該公司便打造了「工作能力好的人，可獲得重要職務和案子」的環境和機制，讓各方高手為了追求進步而不斷自我突破，這就是活用內在動機，使員工及公司都能獲利的最佳實例。

總而言之，想透過狡猾管理讓部屬自動自發，就得靈活運用內在動機理論，藉此激勵部屬永遠不忘追逐有意義的工作、目標和夢想。

要注意的是，**人們對於刺激的敏銳度，會隨著時間的流逝而漸趨無感**。最初只要有一、兩個刺激就會覺得很強烈，但慢慢習慣之後，如果沒有一、二十個以上的刺激，他就毫無感覺。

把這種刺激發揮到極致的就是《勇者鬥惡龍》（*Dragon Quest*）、《太空戰士》（*Final Fantasy*）等RPG（角色扮演電玩遊戲）。在初階關卡裡遇到的怪物，也許只有一至三個HP（Hit-point或Health Points，生命值），隨著遊戲進展到後段，怪物的HP會漸漸進化為數十、數百，甚至數千以上。換言之，若不能讓玩家享受更大的刺激，他們就會因為得不到滿足而漸感無聊。

過了一關之後，便在下一關提高難度，這就是電玩公司設計遊戲關卡的邏輯。同理可證，想打造一支擁有心流體驗的工作團隊，除了提供充滿興奮感、有意義的職場環境，還必須設立一個「永遠無法達成的終極目標」，持續刺激員工士氣，他們將會更賣力。

5 把工作步驟視覺化、讓部屬有樣學樣

每家公司都希望組織能有活力、成員自動自發，整體企業活動積極正面、不斷進步，但偏偏團隊裡常有些「不會做事、無法提升業績的人」在扯後腿。**業績不好的人，通常自我監測的能力也不好**。這種人最不擅長掌握或更新狀況，對於外在環境變化毫無自覺，這時你必須使出一些殺手鐧。

那些工作能力好的部屬，會自己設計流程、提出假設、反覆進行驗證。過程中遇到難題，他們會自己調查、蒐集資料，並找主管商量或提出問題。而**不會做事的人，則有一個共同特徵：他們找主管商量或提出問題的頻率，比工作能力好的人少很多，甚至趨近於零**。

但是，為了那些症狀尚淺、還有得救的人，你必須建立以下三種管理機制：視覺化（Visualization）、記錄（Recording）和流程管理（Process Approach），讓他們有樣學樣、徹底杜絕低級錯誤。

讓部屬自我評量，他才知道自己斤兩

現在，多家企業都引進了ＫＰＩ（Key Performance Indicator，關鍵績效指標），可用各種客觀、可量化處理的目標達成率來評價員工，並將ＫＰＩ的結果列入績效考核和薪資核定的標準（各位的公司應該也不例外）。上述的三種機制就屬於ＫＰＩ的範疇，我希望大家先確認以下三個問題：

「整體業務的流程及數值是否視覺化？」

「團隊成員是否能親自記錄自己的ＫＰＩ？」

「身為主管的你，在最終結果出現之前，是否已經先一步檢視業務流程並提出建言？」

上述三個問題，可整理成以下要點：

• 你是否可從團隊的立場或觀點，看清整體業務？（視覺化）
• 團隊中的每個成員是否可靠一己之力，在工作流程中扮演好自己的角色？（記錄）
• 身為主管的你，是否懂得利用槓桿原理借力使力？（流程管理）

如果這三點都齊備了，推展業務時就能穩紮穩打，而不會發生令人措手不及的意外狀況，甚至還可更進一步督促團隊成員不畏失敗、勇於挑戰新事物。如此一來，你就可以順利打造一支「在前進的同時不斷革新」的團隊。

我將本章的內容歸納於左頁的圖表2-3。現在，狡猾管理的準備工作都已完成了。從第三章開始，我將列舉各種在職場上實際會碰到的狀況，讓各位看看狡猾管理的實際操作法。

圖表2-3　狡猾管理的原理和原則

先掌握部屬的類型（本書只介紹兩類）

人際導向型、任務導向型。

溝通時採用理解的態度

讓部屬感受到你「深表同感」，
或「能夠理解」他的煩惱及發言。

打造可讓部屬自動自發的工作環境及心理狀態

內在動機理論、心流體驗。

把工作步驟視覺化、讓部屬有樣學樣

建立三種機制：視覺化、記錄、流程管理。

第三章

「讓部屬動起來」，主管得狡猾

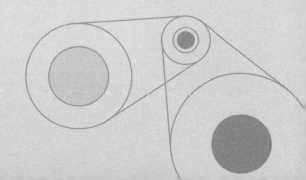

1 不要反覆示範，引導式的提問就對了

從本章開始，要說明狡猾管理如何運用在職場情境。請各位先回想一下，你是否常遇到下列狀況？

主管：「上次討論的提案，你準備好了嗎？拜託快點完成。」
部屬：「是，不好意思，我知道了，我會做的。」

然後，幾天之後，該交的資料還是沒做出來。

主管：「對了，那件事情怎麼樣了？」
部屬：「對不起，我馬上就去做。」
主管：「咦？我前幾天不是仔細教過你了嗎？為什麼還拖拖拉拉的？再不

快點，客戶要投訴了。」

接著，又過了幾天。

主管：「喂，上回跟你說的那件事辦妥了嗎？」
部屬：「啊，對不起，我現在就去做。」
主管：「……你到現在都還沒開工嗎？」

如果團隊裡有**不會做事、或動作慢吞吞的人**，很多好人主管都會從頭到尾仔細指導。但不管再怎麼費盡心思，遇上打定主意要擺爛的阿斗型部屬（按：指「扶不起的阿斗」），你還是拿他沒輒，這時該怎麼辦？

「別再給我拖拖拉拉了！都跟你說過幾遍了？你到底是哪裡聽不懂？我兩個星期前不就要你趕快做了嗎？」你心裡一定曾有這種吶喊吧？

儘管近乎抓狂（事實上，在此階段有人或許忍不住就爆粗口了），但大部分主管還是會耐著性子說：「是嗎？真拿你沒辦法！不過，現在開始還來得及。我再示範一次給你看……。」於是，你只好再次從頭教起，並囑咐部屬依樣畫葫蘆。

如果你想從好人主管變身狡猾主管，請從現在開始停止這種沒有效率的指導，讓部屬學著自己面對。

主管「父母心」氾濫，部屬恨透你

當你**一再苦口婆心的說明**，部屬的心理會有以下兩種模式：

1. 覺得有壓力而退縮：雖然有心把事情做好，卻覺得動彈不得，陷入被束縛的狀態。

2. 排斥且不屑：**對於「上頭叫我去做」這件事十分排斥**、討厭被人命令。

最糟的狀況是，主管不論怎麼殷切說明，底下的人心裡根本認定「主管那種做法根本是錯的」，相當不屑。

為人主管都有一顆父母心，希望部屬能不斷進步。所以你總是刻意細細指導、叮嚀快點整理資料、甚至協助推動業務。但是這麼做，反而會害得你成為部屬的眼中釘，認為你覺得他沒能力而恨透你。

主管或許會不解：「怎麼回事？我明明這麼照顧你，你竟然恩將仇報？」總之，這種**過度關切的做法，對雙方都沒有好處**。

你越希望他照辦，越得讓他自己說出來

那麼，到底該怎麼做才對？

關鍵在於：不要多做說明，一開始就先用問的。只要適時提出問題，就能引導部屬自己動起來。

這中間的訣竅為：主管必須提出「能讓部屬主動去做」的問題，並設法引導、使他開始思考（見左頁圖表3-1）。

換句話說，你不必直接說出：「你必須在某月某日之前完成。」而是透過問題，讓他自己思考並說出答案。例如：

「要把這個提案完成，**你認為該怎麼做比較好？**」

「要讓這件事情成功，**你認為得先做到什麼？**」

並讓部屬回答：

「關於這個案子，我認為這樣做會比較好。」

「這個月中就要接受訂貨了，所以某月某日必須先出價……好的，這個星期內我會交出提案報告。」

圖表3-1　與其反覆說明，不如提問引導

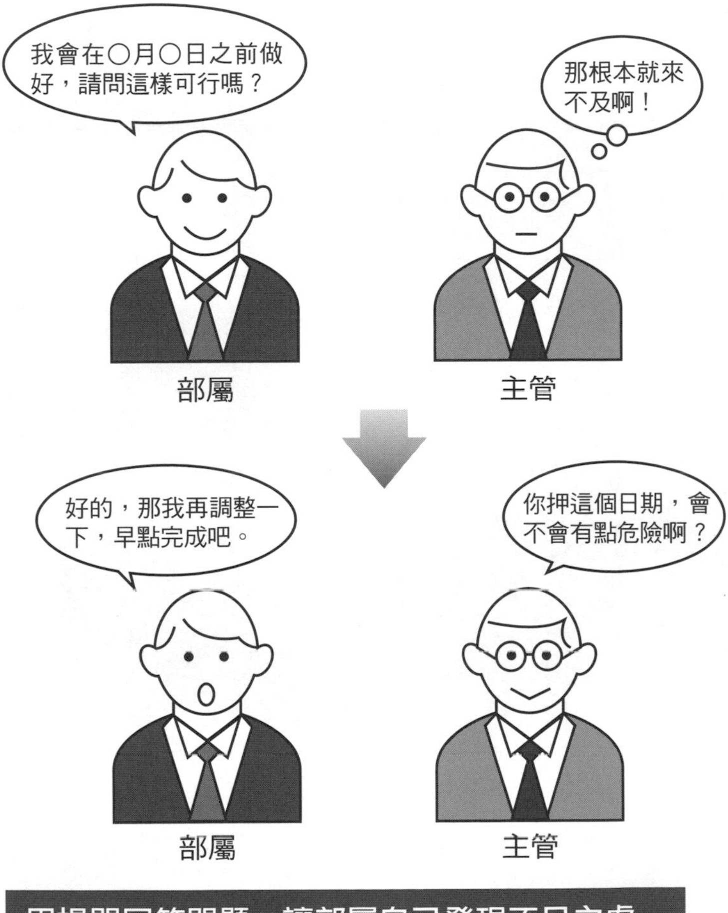

用提問回答問題，讓部屬自己發現不足之處。

用提問代替指導，可讓部屬自己思考，並說出積極可行的行動計畫。

沒有人喜歡被強迫、命令。因此，主管**越是希望部屬這麼做，你就越得讓他自己說出來**，而這一切都得從正確提問開始。

接著問他「最後期限」是什麼時候

接著，我希望大家留意「最後期限」為何。

工作上常陷入膠著的人，一般來說能力較低。當然，其中也有很多人不擅長管理時間。身為主管，你一定要特別針對「最後期限」提問。

如果你問：「你這個案子要做到何時？」部屬回答「明天」或「這個星期內提案」的話，你就說：「那就試試看吧！」然後把事情交給部屬。因為**這個最後期限是部屬自己決定的，所以部屬至少會有心遵守**。

如果部屬的回答不切實際（例如拖到下個月才能完成），你心裡一定會認為：「不對啊，這樣根本來不及吧！」而想大聲糾正他。但這時一定要沉住氣，繼續問：「這樣會不會有點來不及？你覺得呢？」或「這個時間不會有問題嗎？」也就是說，**你得用提問來回答對方**。只要提出能讓部屬自己思考的問題，他就會有所警覺、進而自行調整做法。

部屬：「說的也是，對方下個星期就接受訂貨了，我現在這個進度好像會有點趕。」

你（繼續提問）：「不過，提案之後還得等對方批准，我們才能動作，這樣下星期來得及嗎？」

部屬：「您說的沒錯，我明白了。我會在這個星期三就提案。」

只要這樣一問一答，就算不擅長安排進度的部屬，也會發現「填寫進度表時，要把所有的可能都一併考慮進去」，進而靠自己的力量決定最後期限。

總而言之，你只要妥善提問，就能**讓部屬自己思考後，決定工作時程和最後期限**，主管只需安排時間檢核就可以了。不過，最好不要選在截止日當天才檢查，有的部屬還是有可能因為拖延，而沒趕上最後期限。為了避免不必要的風險，主管最好盡可能提前確認進度。

想讓部屬自己動起來，與其詳細說明、拚命說服，不如引導式的提問。如此一來，部屬就會在截止日期之前，用自己的步調完成任務，並釐清不足之處為何。更棒的是，由於這一切都是部屬自己意識到的，所以你不需費力硬塞，他們便能自行吸收。

這麼做的最大好處，就是主管可以省下「說明或說服的時間」，把這些空檔挪去做更高階的工作。

好人主管的狡猾管理要點

省下指導的時間，善用引導式提問，讓部屬自己動起來。

2 交辦，必須「見人說人話，見鬼說鬼話」

狡猾主管都是交辦高手，他們會視部屬的類型，改變表達方式，講得誇張一點，就是「誘騙」的手段非常高明。

在第二章裡，我已針對「人際導向型」和「任務導向型」這兩種類型詳細說明。同樣的道理，每個人的性格都不同，相同的一句話，有人聽了有反應，有人聽了則毫無感覺。

例如，主管簡單的一句「加油」，有的部屬聽了會覺得勇氣百倍，有的部屬則認為是壓力。我想應該有不少人認為，主管對任何部屬都該一視同仁，使用同樣的表達方式才公平。但事實上，即使表達方法相同，對方解讀的方式也有百百種。

除了人際導向型和任務導向型之外，在本節裡，我要繼續介紹掌握部屬類型的方法，以及適用於各種類型的表達方式。

身為主管，我希望大家先觀察以下這幾點：

- 部屬如何看待周遭人的眼光？
- 部屬怎麼回顧過去的經歷？
- 部屬對於未來有何想像？
- 部屬是否對於自身能力過度自信？
- 部屬是否過度堅持自己的主張？
- 部屬面對狀況時，是比較理性還是比較情緒化？

上述幾個問題，可用「情緒智商」（Emotional Quotient，簡稱EQ）理論底下的「職場情緒能力二十四要素」（見第七十八、七十九頁圖表3-2）加以量化。以下我簡單從中挑選幾個說明。

一、社會自我

社會自我（Social Self）高的人，很在乎周遭的人如何看待自己。所以可用**「你這種做法（或行為），可以獲得顧客的高評價」**來激勵他。

反之，社會自我低的人，就算你告訴他「那個人是這麼看待你的」，他也無動於衷。就某種層面來說，這種人唯我獨尊、做事果決，但由於不在乎他人的目光，難免會流於輕率或大膽。

二、抑鬱性

抑鬱性高的人，由於抑制憂鬱的能力較高，因此不容易**受過去牽絆**，這是好的一面，但這也表示他們不容易從過去學習。這種人通常繃著一張撲克臉（poker-face，面無表情），儘管有點不知該如何和他相處，但碰到這類部屬，一定要常常提醒「何種時候千萬不能做出何事」，以防他暴衝。

反之，抑鬱性低的人則常被過去牽制，老是愁眉不展、放不下心。只要一提到過去如何，他就會惴惴不安（失敗的陰影揮之不去），所以絕對不要讓這種人回顧從前的經歷。

三、特質焦慮[1]

特質焦慮低的人總認為「船到橋頭自然直」，所以即使前途茫茫，也會表現出一副萬事ＯＫ的模樣。

反之，**特質焦慮高的人**，一旦看不見未來就會開始擔心。碰到這種部屬，除了**要把未來的計畫完整的攤在他面前**之外，還要有技巧的引導他、讓他相信「只要照著計畫走，所有的事情就會很順利」。

由此看來，如果你的部屬是屬於特質焦慮低的人，基本上你只要一直激勵他就可以了。即使未詳細說明具體步驟，只要你肯定的說出一句：「我相信你，去試試看吧！」他也會跑得像飛一樣快。唯一的風險是，這種人大多較為粗心，為了不讓他冒冒失失的誤踩地雷，你最好**預先替他確認好所有可能發生的狀況**。

一般來說，創業型的經營者，大多特質焦慮較低。不過，一旦公司有這種魅力十足的老闆，底下的人大多是乖乖聽命行事的類型，特質焦慮較高。

因此，當經營者動不動就改變方案、老愛碎碎唸、或指令總是下得不清不楚時，公司就危險了。因為員工會不知道自己今後該怎麼辦、因而陷入集體恐慌。因此，領導高層一定要提出明確可執行的經營方針。

四、自我效能

自我效能是指創造魄力、勇氣的能力。自我效能高的人很有自信，認為沒有任何事情難得了他；反之，自我效能低的人除了沒自信之外，還非常消極。

因此，對自我效能低的人說「加油」、「不要緊」非常危險。因為這種人本身缺乏自信，說這種話只會給他沒必要的壓力，害他裹足不前。

碰到這種**低自我效能的部屬，最好的方法，就是提示具體的工作程序，**並且告訴他：「你只要這麼做，事情就可以順利進行。」或是一步步的悉心指

1 特質焦慮（Trait Anxiety）為心理學的專有名詞，屬於一種長期性的不舒適情緒，已成為個人的心理傾向或人格特質之一，而非全然受到情境因素影響的焦慮。

導、小心布局，讓他自以為是在照著自己的方法做（但一切都還是在你的掌握中），因而累積更多信心。

五、自主獨立性

第二章提到「任務導向型」的人，自主獨立性大多較高。高自主獨立的人最討厭老闆碎碎唸。因此，若你底下有這種部屬，可採**全盤委任管理**，簡單說一句：「我相信你，全交給你了。」即可。但**碰到這種部屬，主管一定得比他聰明**，如果你提出的意見不夠高明，反而會遭到輕視；或者你不過隨口一句：「做得不錯。」也可能讓他產生各種聯想，例如：「這案子我根本做得普普通通，到底是不錯在哪？沒來由的亂誇獎，根本是在諷刺我吧？」所以一定要格外小心。

幸運的是，這種人的工作態度十分可靠，因此你無須凡事叮嚀、安心放牛吃草就好。另外，這種人也非常在意自己的執行能力是否獲得肯定，所以一定要適時誇一句：「工作進行得很順利，真有你的！」但務必等真的做出成果再來誇讚，否則只會造成前述的那種反效果。

六、情緒受影響程度

顧名思義，這是指部屬會否容易受他人的情緒影響。

一般來說，大多數的經營者不太容易受他人情緒左右，但若是女性主管（無涉性別歧視，只是就統計論而言），則較易對他人產生同情心。

例如，女主管若是看到部屬因為工作失敗而哭泣，自己也會跟著落淚；看到有人生氣，自己心裡也會七上八下、開始動搖。換言之，這種人大多很容易對他人產生同情心。

但不容易受他人情緒影響的人，若是看到他人哭泣，聯想到的則是：「怎麼回事？他為什麼在哭？我該怎麼幫助他？」換言之，這類型的人大多會**先客觀判斷狀況，而不是跟著對方的情緒走**。

然而，**想透過情緒來激勵容易受他人影響者，其實有點危險**。儘管這種人很容易被情緒牽著走，會主動在團隊裡吶喊「加油加油」、帶動整體士氣，但**光是情緒高昂，有時並無助於做出成果**。

另外，因任務失敗、客人客訴而使工作壓力變大時，這種人的腦筋通常會一片空白，所以一定要適時給予協助、讓他們冷靜下來。要注意的是，**和這種人溝通時，不要感情用事、少用情緒字眼**，把焦點放在工作流程及狀態上。

「到底是怎麼回事？客人大發雷霆了！」、「真是糟糕！你一定要想出個辦法來！」等，這類會讓對方情緒有波動的負面發言，都先暫時擱在一旁，改為：「我們先想個改善策略吧！」、「把你手邊的資料重新整理一次，先確認好優先順序。」才是上策。

反之，如果狀況是好的，這種人就會幹勁十足。趁著他情緒高昂時，你馬上補一句：「太棒了！我們再接再厲！」效果通常都會很不錯。

總之，當他們情緒正面時狂敲邊鼓；情緒負面時急踩煞車即可，各位可以視當下的狀況靈活運用。

以上介紹的幾種類型都是以ＥＱ為指標，從日常中觀察部屬的行為和反應，就可大致推測他們屬於上述哪種類型。找出部屬的屬性，再因材施教的「見人說人話，見鬼說鬼話」，就是狡猾管理的高明做法。此外，對主管而言，了解自己的情緒也非常重要，有機會的話大家不妨也接受ＥＱ的測驗（請見下方連結）。

好人主管的狡猾管理要點

觀察部屬面對事情的反應、將之分類，再依照其類型調整下指令的方式。

	情緒能力	要素	簡述
人際關係上的資訊	自主獨立的能力	自主獨立性	不依賴別人、主動努力做事。
		柔軟度	思維寬廣、身段柔軟有彈性、有包容力。
		有信心、有主見	會坦率的把自己的意見、判斷、權利告訴對方。
	人際關係的能力	解決人際問題的能力	會積極解決人際關係上的各種麻煩和紛爭。
		人際關係	重視和周遭人的溝通和交流。
判斷狀況上的資訊	包容能力	心胸寬大	向對方敞開心扉的程度，以及讓別人對自己敞開心扉的程度。
		情緒感受力	會敏銳察覺對方的心情，並進一步理解。
		監視狀況	客觀的觀察並判斷當下狀況，並以此作為下一步的線索。
	共鳴能力	感情有溫度、表現溫馨	視此要素為人際關係的基本功，待人接物都有一顆溫暖的心。
		情緒受影響程度	易被周遭的狀況影響、一不小心就陷入他人的情緒中。
		移情式的理解	懂得貼近對方的情緒，用同理心聆聽、理解對方的情緒。

資料來源：“Emotional Intelligence” in 1990 Dr. Peter Salovey; Yale University, Dr. John D. Mayer, University of New Hampshire.

圖表3-2　職場情緒能力24要素

	情緒能力	要素	簡述
心因上的資訊	認識自我的能力	個人的自我意識	知道自己的情緒，企圖了解自己是什麼樣的人。
		社會自我	想知道自己在周遭人的眼裡是什麼樣的人。
		抑鬱性	對於精神上的失落、過去和現在的自己，抱持悲觀、否定的想法。
		特質焦慮	對於現在和將來的事，常感到不安和擔心。
	和壓力共存的能力	自我控制	會視自己的情緒調整行為。
		處理壓力	充分了解自己缺乏信心、容易不安等負面情緒，而且懂得如何調整。
		精神安定性	指一個人身心動搖的程度：是冷靜沉著，或者情緒起伏大。
	創造氣魄和勇氣的能力	自我效能	對於自身知識即能力的自信程度、對事物的肯定程度。
		成就動機	對事物有幹勁、肯努力、有毅力。
		元氣充實	精力充沛，活力旺盛。
		樂觀	懂得切割負面的想法。
人際關係上的資訊	表現自我的能力	情緒表達能力	會在對方面前真實表達自己的喜怒哀樂。
		非語言技巧	除了語言之外，會透過動作、表情、視線等表達自己的心情。

3 解說越詳細，部屬越反彈，你得……

「課長，這件事我不知道該怎麼處理，請教教我！」

「經理，關於這次的企畫案內容，不知道能不能指點一下？」

有部屬碰到困難來請益時，身為主管的你一定很高興，所以你春風滿面的回答：「這個只要這麼做就行了。」但其實**你說得越詳細，部屬就越反彈**（因為他可能不希望你替他決定這麼多，之後我會解釋）。就我來看，這無疑是拿自己的熱臉去貼人家的冷屁股。

實際上，應屆畢業生、剛進公司沒有多久的新人，為了讓主管高興，會像個小嬰兒一樣依賴著你，什麼事都會問、問完之後乖乖照做，非常聽話。

但當這些人躋身公司的中堅分子後，別說主動詢問，就連主管下的指令，他們也不見得會聽，這時該怎麼辦？

不教導的指導，讓部屬戒掉依賴

在這個情境中，你得讓部屬戒掉「依賴」的習慣。這種「不教導」的指導，目前也在教育界備受注目。這是一種可讓部屬自行思考的訓練，因此，就算主管知道答案，也不能輕易開口。換言之，這是一種「**不下指導棋**、**讓部屬學著自己決定要怎麼做**」的管理方法，儘管眼睜睜看著部屬身陷困境卻不幫忙有些冷血，但如果不這麼做，他將永遠無法成長。

然而，有的部屬天生依賴心就重，因此千萬不要一開始就打算讓部屬完全照著你的話去做。搞不好部屬早有了預謀，認為：「反正主管早就決定好怎麼做了，**我只要照辦就好。**」（就某個層面而言，**這樣的部屬非常狡猾**）。

偏偏不少主管為了省事，常會下意識的這樣盤算。但這種每次都把一切安排好、彷彿叼著蟲子回巢餵食雛鳥的做法，只會讓主管完全沒有時間提升自己（別忘了，本書的宗旨是：盡可能讓部屬自己動起來、凡事交辦下去，主管才有時間去做更重要的工作）。

簡單問一句：「那麼，你希望怎麼做？」

各位覺得人的一生中，最聽誰的話？父母、老師、男女朋友？都不是，答案是自己。從自己口中說出來的話，就得負責執行到底。

想讓部屬戒掉依賴，做法其實很簡單，你只要問他一句：「那麼，你希望怎麼做？」主管就算知道正確答案也無須主動說明，讓部屬自行思考、自己想辦法。

這是因為一般人都很排斥別人替自己決定事情，但自己決定的事卻能乖乖遵守。因此，讓部屬自己決定該怎麼做，不但能避免排斥，還有助於他的成長。

有一顆父母心的老闆、主管，面對想不出答案、不斷撞牆的部屬，大多有種不吐不快的衝動。**明知正確做法卻要你忍著不說**，的確是一種壓力，但我還是那句老話：請努力「讓自己不要那麼努力」。

你只需要簡單問一句：「你希望怎麼做？」請各位試試看。

讓部屬寫工作清單

另外，運用「工作清單」培育部屬，效果也不錯。清單的形式不拘，不需長篇大論，簡單以電子郵件的方式呈現（例如請員工每天撰寫工作日誌）也OK。

簡單來說，就是**請部屬把「希望怎麼做」的答案，以文字的方式記錄，並以清單呈現**（見第八十四頁圖表3-3）。其最大的優點在於白紙黑字，不會口說無憑；其次則為，當你把想法落實於文字，便能讓思考固定下來，這就是一種讓任務視覺化的做法。

很多時候，即使你腦子想著「就這麼做吧」，但真正動筆時卻什麼都寫不出來，而書寫能讓思慮深刻，並藉此釐清原先模糊不清的部分。

要注意的是，主管必須告訴部屬，儘管你希望他們提供白紙黑字，但一切從簡即可，不需要花數小時製作華麗簡報，如果部屬把工作時間拿去做這些無謂的瑣事，反而會降低團隊的生產力。

圖表3-3　以清單呈現工作計畫

【工作計畫如下，希望能順利在本星期內拿下訂單。】

・本週二完成企畫書。
・本週四上門提案。
・如有不完善的部分，現場聆聽建議之後，便立即修改提案書。

只要寫到這種程度，簡單列出幾個重點就OK了。

不過，每份工作清單你都得過目，檢查之後還要給予回饋。如果部屬所提的重點失焦，而你又沒能及時發現的話，部屬就會以為自己的做法沒有問題，而一路錯到底、演變成更糟糕的結果。換言之，主管可以不把時間花在檢討部屬，但一定要集中精神做好「確認」的工作。

過度關心部屬，害你吃力不討好

實際上，部屬需要的並不是能領導團隊前進的英雄、也不是親切溫和的上司，而是在平常就能主動觀察、仔細審視部屬的主管。

也就是說，不要想著控制部屬，你該做的是在管理團隊時，給予他們適當的角色、指出正確的方向，主管只要做到這些就夠了。

如果你長久以來都在扮演好人主管，儘管自認好事做盡、應該頗受歡迎，遺憾的是，一定有不少部屬對你感到不滿或失望。

並不是你的「好好先生／小姐」的形象不到位，而是過於關心（或說討好）部屬，只會讓你忙碌不堪、無法深入了解自己的業務、無從發揮實力。換句話說，真正優秀的主管並不是一味的扮白臉，你得夠狡猾才行。

這種吃力不討好的工作，就做到今天為止。當你學會狡猾管理，就能**有技巧的把所有工作都交代給部屬**，讓他們自行思考、自己動手做，如此一來，你也能得到解脫。

好人主管的狡猾管理要點

反問一句：「那麼，你希望怎麼做？」並指示部屬提出工作清單。

4 與其示範一百次，不如每次都電郵ＣＣ

請想像下列情境：

一位業績始終沒有起色的部屬去向客戶提案，你身為主管，想讓部屬體驗成功的滋味，因此陪同前往。但進門之前，你一句：「我先示範一次，你要看仔細囉！」就把部屬擱在一旁，並使出渾身解數說明自家商品。

最後，你順利拿下了訂單，終於讓部屬的業績破蛋。

為人主管面對這種狀況，一定相當沾沾自喜，覺得自己成功的作育了英才。但這中間有個問題，大多數主管都有這樣的毛病。

由於你自認已讓部屬看見了完整的工作流程，也讓部屬體驗了成功的滋味，於是你理所當然的認為，部屬之後就能獨當一面了，然而事情並非如此。

擺脫不了輔助輪，你永遠學不會騎單車

實際上，當你不再陪同拜訪，下次他一樣辦不到。用個生動的比喻：當沒有了主管這個「輔助輪」，部屬就騎不動「工作」這部單車。

帶新人時，主管的確必須陪著部屬一起跑業務。但是，看過形形色色的企業之後，我發現有不少公司，就算新人進公司已經好一段時間，還是和剛來時一樣，像個安靜的副手，默默陪在主管身邊。

因為所有的提案主管都會跟著跑流程，結果主管還是所有的專案、企畫的主導者，部屬只能在一旁陪笑。長久下來，部屬將遲遲無法培養實力，而主管則繼續累個半死。

實際上，當新人訓練期一結束，就得**試著讓部屬單飛**，就算他完全不行也無所謂，因為**唯有如此，才能清楚知道他會做什麼、不會做什麼**。部屬和主管要互相成長，勢必要經歷這段陣痛期。

刻意讓部屬跌跤、體驗失敗，他會爬更快

此外，你得刻意讓部屬體驗失敗。人都是這樣，唯有經歷教訓才會明白事情的本質。主管和部屬之間常常不了解彼此，因此，許多事情如果只做口頭說明，雙方的認知往往還是有落差。

與其如此，你不如讓部屬實際操作、經歷失敗，再從中掌握工作的關鍵重點。不過，這樣的嘗試不包括會影響企業命脈的重大專案。如果貴公司有一些即便失敗也無所謂的小案子，不妨就把心一橫、放手讓部屬嘗試看看。

而且，如果部屬失敗的話，反而能讓他學得經驗，到頭來還是你賺到。

換句話說，只有讓部屬大跌一跤、真正遭受失敗，才能讓他清楚發現「這種做事方法是不行的」。很少人會一次就開竅，但**讓他多碰幾次釘子**，總有恍然大悟的一天。為此你一定要狠下心，因為**對部屬而言，慘痛的失敗是極寶貴的經驗**。

橫向切入，讓部屬看著你的背影成長

當你細細引導，從頭到尾仔細說明、下指示，只會讓部屬備感壓力、覺得排斥。因此，你不必直接下指導棋，設法讓部屬自己思考才重要。

話是這麼說，但總有些狀況你還是得親身示範，這時可用一個方法。其重點在於，你無須由上而下（縱向）的說明，改用橫向切入即可，簡單來說就是「兩兩並行」，具體做法就是**讓部屬看看你怎麼做**。

例如，把自己和客戶往來的電子郵件、專案進行中的書信，都ＣＣ一份給部屬。他就會恍然大悟的發現「原來只要這樣寫，客戶就會主動回覆」、「原來只要這樣問，事情就可以有進展」。以「資訊共享」的方式，讓部屬看著主管的背影成長。

這種做法不但不會帶給部屬壓力，他還會主動探索、積極學習。

不過，**碰到毫無反應、根本不知道他心裡在想什麼的部屬，即使你已共享資訊，他也不見得會把它當一回事**，更別說主動學習了。你心裡最好先有個譜，做最壞打算。面對這種悶葫蘆型的部屬，只要你不抱著過多的期待，就可避免大失所望的局面。

好人主管的狡猾管理要點

拆掉輔助輪，故意讓部屬大跌一跤、體驗失敗，下次他會做得更好。

5 請他手寫並報告工作進度，你邊聽邊建議

前面提過，我們可以要求部屬列出清單，將工作進度視覺化，本節將介紹進階版的做法，**把「工作清單」改為「工作報告」**，請部屬自己說明目前的工作流程，再由主管給予回饋。

部屬：「關於這個案子，我想這樣進行。」

主管：「大致上還不錯，但如果這麼做的話會更好。」

像這樣透過和部屬之間的討論，一邊設計流程、一邊展開工作。或者當工作進展不順利時，也可以透過這種一來一往的方式，釐清事情的來龍去脈，讓部屬有機會思考改善的方法。

雙方共同檢討工作流程，找改善方案

當部屬進行工作報告時，主管要一邊聆聽、一邊提出改善建議。也就是說，你得同時「改善其工作流程」、重複「PDCA循環」，並確實記錄。

在此說明何謂PDCA循環，這是由四個步驟組成的一套連續管理流程，分別為計畫（Plan）、執行（Do）、檢核（Check）與行動（Action），由美國品管大師愛德華・戴明（Edwards Deming）提出。

換句話說，PDCA循環就是不斷重複計畫、執行、檢核、行動，持續修正作業流程的做法，把這套思維運用在商業行為上，就能讓業務順利進行。

對主管而言，這種做法可以讓部屬的行動視覺化，並可藉由各項紀錄提升團隊成員的學習水準。在工作順利運作之前，主管和部屬都能透過這種做法，一邊溫故知新、一邊工作。

這個方法乍看之下很麻煩，其實主管只需檢視關鍵部分即可，你會發現，越簡單的方式越有效。部屬在報告的過程中，便能逐步完成心目中理想的做事方法；當主管看到其中某位部屬的設計特別成功時，也可立即將之分享給其他的部屬看，讓他們有樣學樣、持續進步。利用最省事的做法同時教育其部屬，正是狡猾主管的最高境界。

好人主管的狡猾管理要點

請部屬報告工作進度，並透過PDCA循環共同檢視流程是否完善。

6 部屬犯錯，你會怎麼「追究」？

你也為了部屬一再犯下低級錯誤而煩惱嗎？然而當部屬犯錯、來向你回報時，你還是得耐著性子問話。問話的思考模式有兩種：一種是「追究原因型」思考；另一種是「追究目的和結果型」思考。

追究原因型思考的人眼中只有原因，不斷追問「為什麼會這樣」、「為什麼會那樣」。嚴厲的主管或擁有ＭＢＡ等學歷的老闆，很多都是這類型的人。

當然，從事如核電廠、醫療現場等具有高度風險的事業或專案，就該秉持著這樣的精神，徹底追究原因。但在一般的企業界，**一直針對失敗的原因窮追猛打，反而會害你什麼事都做不好**。

「你為什麼會發生這種事？你為什麼會失敗？」徹底追究原因唯一的好處，大概就是雙方都能發洩情緒。主管可以盡情憤怒，部屬也可一吐為快，除此之外，沒有任何正面效應，被追究的部屬還有可能為此鬱鬱寡歡。

與其究責，不如思考對策

真正能成就大事者，大多為「追究目的和結果型」思考。意即，你得把目光望向未來，詢問：「接下來該怎麼做？」才能改善目前不利的狀況。

因此，**與其一直追問失敗原因，不如好好思考接下來的對策**。我希望為人主管者都能以目的和結果為導向。簡單來說，就是不要追究罪過，而要引導部屬原原本本的說出發生了什麼事；不要讓思考陷在過去的泥淖，而是朝完成預定目標前進。

以下就將「追究目的和結果型」的提問方式列舉如下：

- 我們最滿意的狀況是什麼？
- 假設最令人滿意的狀況是一百分，目前我們可得幾分？
- 最令人滿意的狀況和現況有什麼不同？
- 我們可以做什麼來拉近這個落差？

- 如果要這麼做，會碰到什麼障礙？
- 如果要改善現況，你應該要做些什麼？
- 如果要改善現況，你知道第一步該怎麼做嗎？

追究為何失敗帶有消極意味，很容易令人沮喪，但思考如何改善卻能讓人重新燃起希望。因為這是一種正向、積極的行為。身為主管的人都希望部屬跌倒了能再站起來。想將麻煩轉換成健康又有生產力的活動，與其把時間耗在追究失敗原因，不如用來思考最終目標和解決方案。

好人主管的狡猾管理要點

真正能成就大事者，大多為「追究目的和結果型」思考。

7 讓他一刻不得閒，但每天準時下班

有的部屬**成天忙些不重要的工作，真正該做的事卻毫無進度**。若你的團隊中有這樣的人該怎麼辦？

首先，你得提醒這種部屬，他這麼做的目的究竟為何。也就是說，下達「別忘了我們的目的是這個」的指令，**再次提醒他工作目的**。

例如，部屬原本的任務，是要讓公司順利拿下某商品的標案，但他在製作提案資料的階段，卻把與商品無直接關聯的部分做成了華麗的簡報，讓人看得眼花撩亂。

這時，身為主管的你必須重新檢視該簡報，並指示他：「等等，你寫的這些，對拿下標案有幫助嗎？」你甚至可以教導部屬如何省略不必要的部分，讓整體看來更精練，這也是狡猾主管的重要工作之一。

每日訂定工作進度，全面禁止加班

狡猾主管都懂得讓部屬將精力聚焦於份內業務，而沒有閒工夫搞些無關緊要的瑣事。

為此，你得不斷把手頭上的工作交辦給團隊成員（但別達到血汗企業的程度），讓他們必須拿出十二萬分的力氣來處理這些業務，而當他意識到自己時間不夠用，自然就知道要積極尋找方法，來應付眼前的難題。

然而，儘管你讓部屬專心處理手頭上的任務，但同時也得**要求他們設定每日進度、並在既定的時間內結束工作**，而非總是做不完、每天都在加班（各公司可以視自己的狀況，全面禁止加班或訂定可允許的加班時數）。

儘管血汗企業早已不是新聞，各界的批評聲浪也不曾減緩，但在各家企業中，多的是「高勞動卻低產能」的員工。站在公司的立場，員工若能自我要求、兢兢業業自然最好，偏偏有些人上班時淨忙些「非份內該做的工作」（例如聊天、上網、摸魚等），講得極端一點，這些人大多「白天一條蟲」，逼近下班時間才終於拿出幹勁，並狡猾的以「我工作做不完」為理由要求加班，再藉此換取加班費或申請補休。

換句話說，這種員工並非為了創造成果而努力，只是企圖以長時間的工作時數換取薪水，比起血汗企業，這種**反過來壓榨公司**的做法其實更不可取。

為人主管一定要懂得區分，你的部屬究竟是真的做不完，還是總拖到最後一刻才開始衝刺。最簡單的做法就是「堅持不加班原則」，並要求所有的人準時下班。總而言之，你得重視產能（而非工作時數），並要求部屬聚焦在份內該做的業務上，這是「狡猾團隊運作」的基本認知（將於第四章詳述）。

好人主管的狡猾管理要點

主管得在交辦工作之餘，確實要求進度管理，不讓部屬有機會摸魚。

8 放話要辭職？一句慰留都不必

當部屬面有難色來找你商量，就要做好心理準備，因為你心裡不祥的預感大部分都會命中。這時，主管必須選擇：慰留，還是果決的讓他離職？

社會上普遍認為，主管應該尊重個人意志，爽快的准許他離開。但是，如果對於團隊而言，這個成員不可或缺，那建議你還是要試著挽留他。只要他的理由不是「父母生了重病，必須有人照顧」，你還是有機會把他留下來。

然而，那些遞出辭呈的人，就算被上頭慰留，短期之內還是會故態復萌。總而言之，老愛把辭職掛在嘴上的人，遲早都會離開。因此，當部屬表明要辭職時，你必須先有心理準備，因為這已是他向貴公司告別的前奏了。

儘管如此，主管也得以大局為重。雖然明知他心意已決，但如果評估部屬現在辭職會造成業務困擾、再待上一年就有轉圜空間的話，**不妨還是口頭慰留**：「請你重新考慮一下，公司真的不能沒有你。」

我再強調一次，主動提辭職的人，總有一天會離開。雖然有人是因為想要糖吃（例如爭取加薪、升遷），故意以辭職要脅。但是，離職並不是個容易的決定，一定是因為他在工作上遇到了什麼不順心，與其強留這樣的人下來，不如乾脆放手讓他走，這才是比較務實的做法。

為加薪而提離職，雙方心裡留疙瘩

前面提過，有的人表達辭意的目的，是為了調薪或升官。儘管主管也有離職的權利，但建議各位最好不要這麼做。因為不論是遭到拒絕、或是經過討價還價，上頭答應了你的請求，但雙方的心裡都會留下疙瘩。以中、長期來看，事情朝對你有利的方向發展的機率，可說是微乎其微。

大家不妨回想一下自己當初進公司的理由，大多是因為覺得可以有所發展，對吧？日子一久，每個人也都恰如其分的完成了份內工作、生活日趨穩定，但企業畢竟是由人所構成的組織，會以各種面貌不斷發展。

三年前覺得合適的人，五年後卻突然格格不入。如果企業和員工能一起成長，當然皆大歡喜，但是，如果公司發展速度過快，勢必就有員工跟不上這樣的變化，而漸漸落在後頭——這是企業和組織不可違抗的宿命。

硬把沒能力的人留下，只是浪費彼此時間

那麼，對企業、組織而言，到底什麼才是「最好的狀態」？我認為，狡猾主管必須打造出「沒能力的人一旦待不下去，便會自動求去」的氛圍。否則硬要把不適任者留下，只是浪費彼此時間。

請注意，業績不佳者也是有尊嚴的，所以最好能讓這個人主動以「個人生涯規畫有了變動」等理由，自己提出辭呈。然後你就可以面露遺憾的說：「**人生苦短，你還是盡快去完成自己的目標比較好。**」（這種說法真是超級狡猾），只要設法讓這個人的內心不起波瀾、不覺得自己是被逼走的就行了。

對狡猾主管而言，團隊裡最好全是積極努力的人，事實上，**一個團隊越**

強，沒有能力者就會越明顯。能力不足的人，得有自覺的找個冠冕堂皇的理由遞辭呈，畢竟在這麼不利的狀況下，趕緊換個地方工作才是最好的結果。因此，身為主管的你，必須培養敏銳的觀察力，洞察他們離去的真正原因，並給予支持、不多慰留。

好人主管的狡猾管理要點

不要慰留想辭職的部屬，並打造出一個「沒能力的人會主動求去」的團隊。

9 部屬出包，立刻開罵但斥而不怒

身為主管，很多人會對「如何責罵部屬」感到苦惱。責罵的方式更會因狀況、TPO（指時間〔Time〕、地點〔Place〕、場合〔Occasion〕）的不同而有所差異；更有些玻璃心部屬，不管你有沒有生氣，他都會覺得有壓力，可說非常棘手。

實際上，最簡單的做法就是「做錯馬上罵」，當場就讓他有所覺悟，這樣他才會深刻記住這次的教訓，你的責罵才有效果。若是等到之後才說，一來因為你的成見已深，容易模糊焦點，變成對人不對事；二來，責罵的效果也會隨著事過境遷而大打折扣，無法讓部屬記取教訓。

責罵時要注意兩點。首先，基本上**要「個別責罵」**，**絕對不要在眾人面前大聲喝斥**，雙方移動到會議室是不錯的做法，因為別人聽不到你的斥責。

客觀陳述事實，提醒他這件事有多嚴重

另外一個要點是「斥而不怒」。

主管也是人，難免會有情緒失控的時候。罵人時若把焦點放在「生氣」，而非「管教」，部屬就只會記得自己把主管「惹怒」，而忘了自己到底為什麼被罵，更不知道從何反省。

那麼，到底該怎麼責罵呢？**其祕訣在於：客觀陳述發生過的事情**。

你得輕描淡寫的說明，這件事情已經帶給公司或周遭什麼不好的影響，或對部屬本人造成何種不利的局面。之後，再針對這些事實，**詢問部屬的看法**，並要他想想該如何處理。

要注意的是，這時候主管往往希望部屬能露出反省的表情，但這不是重點，比起部屬是否懺悔，你更該確認他**是否真的了解事情的嚴重性**。

有時部屬雖然低著頭，但對整件事情的看法還是有偏差（例如始終不知道自己錯在哪裡，只覺得遭人連累）。如果他無法釐清真正的問題點，就算口頭

上說會反省，其實也沒什麼意義。因此在斥責之後，你一定要讓他自己說說目前的想法為何，以確定他是否真的聽懂，並了解自己犯了什麼錯。

好人主管的狡猾管理要點

犯錯時馬上開罵，但記得個別責罵、斥而不怒兩個原則。並要求部屬釐清問題出在哪、該如何處理。

10 別把努力當籌碼，你得做出成果

團隊中有動不動就提離職的員工，當然也有自我感覺良好的部屬。「我已經努力過了，這樣就行了吧？」當底下的人拿出「努力」二字當擋箭牌時，你一定要讓他知道，**公司付他薪水不是因為他努力，而是做出了成果**。換句話說，「認真、努力」只是工作的基本態度，從來就不該是你談判的籌碼。

前文提過，無法適應公司步調的人，如果繼續留下來，只會造成團隊中其他人的困擾，對當事人而言也是一種不幸，為人主管一定要有這樣的認知。

大部分主管都是從基層被提拔上來的，當然知道部屬的難處，所以一聽到部屬說「我已經努力過了」，其應對模式幾乎都是：「好吧，那我就再觀察他一陣子，或許有一天他真的就做出成果了。」

但是，老是拿「努力」二字出來說嘴的人，絕不會突然有一天狀況就變好，而且絕大多數都會越來越嚴重。因為這種人的問題是出在工作能力不足，就算你再怎麼鼓勵，甚至製造機會讓他表現，他還是做不出成果。

工作能力明明有問題，卻讓這種人繼續留在公司，對雙方而言都是在浪費時間。但這個人也許只是找錯了舞臺，若是早點讓他覺悟，或許他還有發光發熱的一天。只要你能這麼想，這些低產值的部屬也就不值得留戀了。

把關心用在那些更有產值的部屬上

當然，對於這種自我感覺良好的部屬，只要心地不是太壞的主管，都會想拉他一把。但是，主管如果回歸必須負責考核成績的立場，就會意識到自己更應該珍惜那些，會照著你的期許行動、並做出成果的高產值部屬。

執行任何業務都會有高下、優劣之分。團隊裡如果有業績低落的人，就有可能拉低整體的成績，並影響其他表現優異的成員。因此，在處理這類問題時，你的父母心還是不能太氾濫，保持一點理性會比較穩妥。

主管可以適時給一些關鍵訊息，例如三不五時的告訴他：「全世界也不是只有我們這家公司，另外找份更適合你的工作不是很好嗎？」上述這段建議完全沒有提到裁員、解僱，出發點完全是為了成就他的人生，值得參考。

只要你能讓自我感覺良好的部屬想開一點，他就不會一直鑽牛角尖、走不出死胡同。

好人主管的狡猾管理要點

積極（但有技巧的）建議工作成效差的部屬另覓出路，讓團隊更有產值。

第四章

團隊成員素質不一，這樣領導你才輕鬆

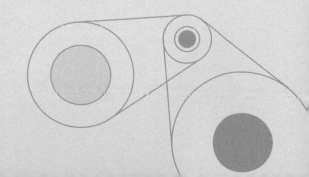

1 示弱：低價值的事，全部外包給部屬

主管的工作會做不完，有兩個原因。

一個是，把充當「部屬的輔助輪」（見第三章）當作自己的工作。主管當然都希望自己的團隊能成功，所以**如果有人表現較弱，做主管的就會想幫一把，這種當然就是好人主管**。

另外一個原因是，主管球員兼教練，除了要以球員的立場做好份內工作，還要以球隊經理的身分管理團隊。在身心都承受高負荷的狀況下，工作上當然必須比部屬花費更多的時間。

因此，職位越高的人，工作的時間就越長。人們都說日本的過勞問題嚴重，企業家的勞動時數遠比歐美國家還長，但其中有些資訊其實有待商榷。

若以國民整體的平均值來說，日本人的勞動時間確實很長，但如果單就「主管」一層做比較，歐美國家的執行長，幾乎三百六十五天、每天二十四小時

都在工作。這麼長的勞動時間，別說是日本，幾乎全世界的管理階層都比不上。因此，如果真的要跟歐美的高層相比，日本管理者的工作時數根本是小巫見大巫。

為何歐美國家的主管比較威風？

主管有主管的立場、肩負重責大任，為此公司自然得根據主管背負的責任大小，給予相對應的權限和薪水。相對的，在現場工作的員工，只要做好上頭指派下來的工作就可以了，只要不是在血汗企業工作，當部屬的人大多可以準時下班，以上的邏輯大家應該不難理解。

那麼，現在主管們的具體工作內容，究竟是什麼？

例如，美國企業的高階主管，因為要以經營者的立場，進行艱難的溝通談判，並思考事業體的方向，所以除了在外面的機構學習之外，每天都還得對外執行各種交涉事宜。

除此之外，歐美的企業高階主管通常會有好幾位祕書，所以一般性的業務都可以完全丟給底下的人去做。因為就歐美人士的價值觀而言，身為董事長的人，如果光做一般性的業務，或和基層員工做相同的工作是不對的。

這樣到底是好還是不好，當然見人見智。以下簡單為各位整理外國企業和一般公司的差異：

外國企業

- 成為主管之後（例如升上經理），就轉而做品質和層次都較高的工作。
- 逐漸把基層工作交接給部屬，讓他們能從實作中學習、持續成長。
- 基層工作交接完畢之後，就更有時間接觸附加價值較高的業務。

一般企業

- 主管和部屬的業務重疊（球員兼教練），因此工作永遠做不完。
- 光是處理手頭上的業務就筋疲力盡，當然沒有餘裕提升自己。

對主管而言，基層員工從事的業務，就是所謂「低價值的工作」。你是不是也被這些雜事絆住了？從現在起就果斷切割、全都外包給部屬吧！

把業務流程從「垂直整合」改為「分散並列」

工作若是進展不順，有時瓶頸就出在主管身上。

例如，某些重要的業務當然要蓋章才可以過關。但是，有些主管似乎只是為了耍耍官威、或突顯自己的存在，要求不論大小事都一定要親自蓋章，這往往是業務流程卡關的關鍵。若是每個主管都要蓋章，那麼公文旅行的時程絕對會越拖越長。

因此，除了非得主管蓋章的文件（例如簽署重大合約）之外，其他簡單的業務最好都交給部屬個人執行即可。也就是說，主管得把原先垂直整合（你自己從頭盯到尾）的流程，改為分散並列的方式進行。

當然，最後的訂單、估價單，主管還是要親自確認。不過，部屬呈交的文件，主管是否一定要全都看過？部屬要去拜訪客戶，是否一定要經過主管的許可？仔細分析一下，**許多工作其實不需經過主管確認**。這類的工作只要掌握進度之後就盡快放手，**不要什麼事都往自己身上攬**，讓部屬積極嘗試，只要適時的問一句：「進度還ＯＫ嗎？」工作大多能進展得很順利。

主動示弱，讓部屬有機會救你

大多數主管都是能解決問題、工作能力強的人。我因為擔任人才顧問的關係，曾拜訪過無數成功的經營者和領導人。這些人有一個共同點：對於自己的強項，他們會展現驚人的魄力，並將之運用在工作上；然而對於不足之處，他們會適時示弱，**並讓強項和弱點保持絕妙的平衡**。

例如，這些人如果認為自己不擅長管理工作，或覺得執行龐雜的事前準備很棘手，他們便不會虛張聲勢，而是大方說出：「這種事我真的不行。」一邊對部屬拋出求救的眼神。

竟然能幫上主管的忙？這種時候部屬一定高興死了。

如果你棘手的是核心業務或危機處理，就表示你這個主管當得不稱職。然而，如果是你不擅長的雜事，就可以刻意示弱、尋求幫助。這時只要假意的說一句：「沒有你們我真的不行！」就能大方的把工作委託給部屬。

這種「懂得示弱的主管」相當討喜，會讓你更受歡迎。因為對部屬而言，**過於完美的主管，會讓人心生畏懼**——工作能力越強，部屬離你越遠；而日常中偶爾出現一些小狀況的主管，反而會因為表現出人性，而在無形間縮短了和部屬之間的距離。

好人主管的狡猾管理要點

適時把不重要的工作外包給部屬，偶爾示弱求助，你會更受歡迎。

2 眾議獨裁，但功勞要歸部屬

在本節開始之前，請想像以下狀況：

為了討論這次新商品的宣傳活動，全公司主管（包含你在內）和幹部聚在一起開會，終於決定了活動的調性和實施方案。

然後，各主管回到自己的部門，傳達剛剛會議上的決定。

「向各位宣布，為了讓消費者認識這個新商品，公司決定之後將進行這項宣傳活動。」你滿心雀躍的向底下的人報告這個消息。

但是，部屬卻有不同的聲音：「這是你們主管階級的意見吧？」、「我們也有自己的業務要忙呀，哪有這種閒工夫？課長，你不會是想把這件事攬在我們部門身上吧？」

總而言之，你的部屬大多認為，**你應該在會議上用力推掉**這次的宣傳活動，**而不是這麼輕易的就把任務接下來**、增加大家的工作量。頓時，部門內部開始瀰漫起一股不太妙的氣氛。

公司常會碰到必須由高層決定的事務，這個時候，高階主管、幹部聚在一起討論方針理所當然。但是，有些務實面的狀況，熟知現場的人（即基層人員）的智慧反而更能派上用場。

讓部屬當你的「資訊外掛裝置」，是不是人才一試便知

一般公司面臨重大狀況時，常見的做法大多是高層先行討論之後，再交給底下的人執行。

但假設，現在公司希望在現有的商品之外，追加新的品項並擴大販售，且不額外增加人手，該怎麼辦？這時你可以這麼做：

首先，讓現場所有的人知道這個訊息：「……基於上述理由，我希望能讓

這個案子成功。」

然後，再聽取現場人員的意見。你可以這麼問：「那麼，我們應該怎麼做呢？請大家一起動動腦，有任何想法都歡迎提出來。」

與其要你這個主管獨自一人想破頭，還不如把擁有許多現場資訊的成員一起攬進來，讓他們陪著你一起動腦，把部屬變成你的「資訊外掛裝置」。

對狡猾主管而言，善於用人是非常重要的手段；從部屬的角度來看，這也是一件可喜的事，因為他們可以共同參與公司的經營。如此一來，你這個當主管的，也可以獲得較高的評價。

不過話雖如此，我並不認為所有的部屬都會認真幫忙。**團隊中有願意動腦的人，也會有嫌麻煩、懶得多做事、甚至排斥幫忙的人。但只要你一聲令下，誰是何種類型的人立即一目了然**，這對主管而言也是很重要的情報。

要決定接班的幹部或領導人時尤其明顯，央求部屬一起幫忙動腦，就等於是拿出過濾器來鑑識優秀人才。對於那些認真思考、積極提供意見的成員，你可以以他們的提案為核心，並將這些表現列入年末考核的評斷標準。

讓部屬出意見，主管只歸納整理

身為主管要**虛心的廣納意見，但做決定時必須獨裁（眾議獨裁）**。**協調是為了讓事情照你的方式進行**。如果部屬不願乖乖照辦，有能力的主管會再給這個人一次機會，並建議其他主管也運用這次機會，積極聆聽部屬不同的意見。

但這個部屬如果不能把握第二次機會，讓自己不同於團隊的聲音過關，就必須尊重主管的決定。若他還是無法接受，主管就該以「不適合當組織中的人」為由，讓這個部屬離開專案團隊——這就是眾議獨裁的真諦。

狡猾主管都是協調高手，儘管讓大家充分發言討論固然重要，但別忘了，最後的決定權還是在你這位主管的手上。不論部屬的主意再怎麼好，你仍舊得肩負起整理、歸納的責任，並做出最後的決定，這個權限絕對不能拱手讓人。

另外，討論之後，我不希望你單純的以「這是多數人的意見」，就決定採用，你必須從所有的意見中，選出你認為「確實可行」的方案。

學著不邀功，把成就歸給部屬

當你集合部屬的智慧、做出最後決定之後，必須注意一件事。那就是身為主管的你，絕對不能開口閉口都是「我」。

例如，當多數人的意見和自己的想法相同時，你必須拐個彎，有技巧的說：「大家都認為這個提案不錯，我也認同，那就這麼決定了。」

相對的，如果你比較中意少數人的意見，為了不顯突兀，一定要附上幾個冠冕堂皇的理由。你可以這樣說：「雖然這是少數人的看法，但是針對開拓新市場這一點，這個提案非常有建設性，對於未來前景很有幫助，所以我們還是採用這個方案吧。」

另外，一定要尊重提出優秀意見的人：「○○提出的這個建議，由於……（說明客觀理由）的關係，和其他的提案相比更為優秀，所以我們就照他的提議進行吧。」

利用客觀理由說服眾人很重要，千萬不要說：「我原本就看好○○，所以他的提議絕對沒問題。」

當你建立了能夠暢所欲言的會議風氣之後，反覆幾次討論下來，部屬們就會自動自發的暢談自己的想法。如此一來，便能建立主動提議、提案可獲得正面評價的文化，讓團隊氣氛更顯積極。

然而，在最初階段一定要格外用心，好的開始就是成功的一半。只要一開始順利，能讓部屬自動自發的狡猾管理體制就算完成了。

好人主管的狡猾管理要點

優秀的主管，要懂得讓比自己更優秀的人發揮長才、促進團隊進步。

3 親力親為？好人主管形同打壓下屬

大家聽過企業大師麥可・波特（Michael Eugene Porter）的「競爭優勢策略」嗎？他自一九八〇至一九九〇年之間，先後出版了在管理學界堪稱經典的競爭三部曲：《競爭策略》、《競爭優勢》、《國家競爭優勢》。

麥可・波特是當今世上競爭策略和競爭力領域公認的第一權威，而這三本著作則是哈佛商學院的必修課，更被眾多世界性的經濟學術論壇、會議，列為正式、重要的討論議題。

波特的企業經營策略理論，包含以下三個策略：

・用比其他公司更低的價格生產、販售，在市場取得競爭優勢的**成本領先策略**（Overall cost leadership）。

・讓自家公司的產品和其他公司的產品有明顯區別，在整體市場取得競爭優勢的**差異化策略**（Differentiation strategy）。

・藉由鎖定市場、鎖定製品，在市場取得競爭優勢的**集中化策略**（Focus strategy）。

力圖轉型為狡猾管理的主管們，可從這三個策略學到許多東西。其中最重要的，就是前文提過的「將低價值的工作外包」。首先，把低價值的工作和高附加價值的業務區分開來。身為主管，**你得完全把自己的工作轉移至具有「差異化」的業務**，並把其他一般行政業務等，屬於低價值的業務全都交給部屬。

總而言之，你的工作是把整個團隊（包含你自己）的資源做最適化[2]的分配。而分配業務的基本原則為，讓自己集中精神做較為上層的工作，其他的工作則交給團隊成員或外部的人。

---

2 最適化（optimization），是指在某限制條件之下，透過複數條件的組合，使其成果最大、損害最小的概念。

讓擅長該領域的部屬主導任務

另外，前一節提過，要把部屬當「資訊外掛裝置」使用。但是，事實上，「妥善運用比自己更優秀的人」也是很重要的事。

例如，當你要為某個商品進行宣傳活動時，如果A對這項商品的認知比你還強的話，你就無須逞強，大方讓A主導。就算該項業務具有高附加價值（較適合主管執行），但如果底下的人比你更擅長此領域的話，就不必客氣、好好讓他發揮長才。

你所帶領的團隊，一定有既定的目標和預算。球員兼教練的主管雖然也有自己個人的期望，但既然身為領導人，就要以達成團隊的目標為重。因此，如果有優秀的部屬更諳此道，你就該大方讓出舞臺，使團隊的整體積分最大化。

波特的競爭優勢雖然包括了前面提到的三個策略（成本領先、差異化、集中化），但事實上，最後的「集中化策略」沒什麼意義。因為這三個策略交錯使用之下，最後的結果不是成本×集中（集中成本領先），就是差異化×集中

（集中差異化），不用特別去做也能達成。

因此，為人主管的你必須專注於此，將高附加價值的工作、或自己擅長的領域做出差異化即可。

好人主管的狡猾管理要點

把低價值的工作外包給部屬處理，高附加價值的工作留給自己，或視狀況託付給團隊裡最具有競爭優勢的人。

4 公司內部的人際問題，必須公開解決

好人主管很容易捲入部屬的糾紛中。

這時該怎麼辦？有的主管會找部屬個別問話，但這不是一個好方法，有時甚至會做白工。

仔細想想，這其實很容易理解。例如，A和B如果有爭執，兩人必定互相排斥。因為彼此都認為自己沒有錯、各有主張，所以A認為「B做了很過分的事」，B並不認為自己有問題，反過來也是一樣。

而身為問話主管的你，又會怎麼想？

聽A抱怨時，你會認為「原來B這麼過分」。

聽B抱怨時，你會認為「原來A這麼過分」。

但真相只有一個，個別問話無法讓你找出問題所在，因為這些資訊都是被扭曲過的，帶有主觀色彩。換句話說，**個別問話會讓人看不清事實**。

就算你的出發點是為了顧及A、B兩人的情面，也未必能得到回報。例如，和B個別面談時，你發覺是B的錯而加以開導，這時，如果B不是肯乖乖聽話的類型，反而會不甘的認為「主管根本不挺我，他就是比較喜歡A」。

又例如，就算這時B也承認是自己的錯，但因為這是在個別談話中給的意見，B也可能認為「反正主管永遠都站在A那邊，他一點都不疼我」。這兩種狀況對身為主管的人而言，都相當吃力不討好。

由此看來，個別問話、私下解決的做法，極有可能害主管吃虧。

不要個別問話，全員到齊一起說

這時，身為狡猾主管的你，讓相關人士「面對面把話說清楚」才是上上之策，這麼做最有效率、成效也最大。

不要只把部屬的抱怨當成發牢騷，而是要確認談話的內容、掌握整件事的來龍去脈，並弄清楚相關的人事時地物。也就是說，你得把所有的人都集合起來，讓每個人都能「當著大家的面，把話說清楚」。

以本節開頭提到的例子來說，主管必須把A和B同時找來問話。這麼一來，A和B就必須針對事實陳述，不能說謊。或許他們還是會努力為自己爭辯，但在對方在場監督的狀況下，真相自然就會赤裸裸的呈現。一旦兩位當事人可以共同確認事件的真相，事情自然就會比較好談下去。

然而，全員到齊一起說，難免會擦槍走火。因此，主管這時一定要站在第三者的立場當裁判，提醒大家「不要把情緒帶進來，只說事實」、「最重要的是事發經過。只要釐清事情真相，就能解決問題了」，讓眾人保持冷靜。

為人主管必須確實掌控各種場面。

和工作有關的爭執要公開談，才不淪為私人恩怨

人類的天性本來就容易結黨營私，所以一發生事情就會下意識的搞小團體、選邊站。**辦公室的人際問題永遠都是一筆爛帳**，若不好好解決，將會成為

企業前進的障礙。**你得好好發揮狡猾管理**，不讓團隊做這種無謂的事情，而是聚焦在工作表現上。

首先，身為團隊領導者，一定要主動敞開溝通大門，讓部屬信服你。

例如，主管總是偷偷摸摸進行一對一的對談，只會讓團隊成員產生不信任感、容易落人口實，所以這種做法絕對NG。換句話說，如果想讓團隊有個公開、透明的溝通環境，主管得先設法讓部屬願意找你談話。

當然，與人事異動或個人隱私有關的對談另當別論，但和工作有關的問題，部屬與部屬之間、部門和部門之間的爭執，選擇在公開場合（如每週的例會）把話說清楚會比較好，也較不易讓人產生誤會，或淪為私人恩怨。

最重要的是，你得讓全體成員明白，**你的團隊裡絕對不容許任何扭曲的資訊（即謠言）**，如果有人認為**搞小團體**的手段行得通，**這個人就一定要受到懲戒**。這是能凝聚人心、讓團隊走向勝利的一大關鍵。

主管經常敞開溝通大門，讓與自己行動、工作進展狀況有關的資訊公開透明，和團隊所有成員一同共享，就可以創造一個有向心力的組織。

總而言之，公司內部的人際問題，必須公開解決才不會夜長夢多。明理的企業經營者、通情達理的主管，都是屬於這類型的人物。

好人主管的狡猾管理要點

避免個別面談，並且經常敞開溝通大門，凝聚組織的向心力。

5 重用「會做人」、而非「只會做人」的人

我認為，那些「人間力」（指為了在社會存活，所必須具備的綜合能力）較高的人，都具有「溝通有技巧、做事做得不外行」的特質。

人心常會動搖。早上做的判斷，可能到了黃昏又改變，是常有的事情。只有極少數人能認定，自己的想法百分之百正確。

所以在種種不確定中，人就會出現這樣的想法——既然如此，與其自己判斷狀況真實與否，不如找一個會說這個是正確的，而又值得相信的人來決定。結果，人間力就成了人們決定「跟誰走」時的重要條件。

一般人都認為擁有高度人間力的部屬比較可靠，社會對於這樣的人也都有較高的期待。但我想強調的是，如果這類有人間力的人心智不夠成熟，同時又缺乏同理心的話，就容易使你的團隊出現雜音。因為他們較不願意聽從領導者的指揮，當你要提拔人才時，當心不要被這種人陷害了。

此外，「雖然業績不佳，卻是個好好先生」的部屬，雖然具備人間力，重用了卻會讓你很傷腦筋。因此，當你要打造一個實力堅強的團隊時，一定要注意成員的本質（個性），如果該成員的人格有問題，就算他再怎麼會做事，也最好不要讓他接下太重要的任務。

所謂「會做人」，意思是「會使大家一起做事」

事實上，在制定人事制度時，我一定會強調公司給員工的薪資必須分成兩個部分：一是獎金制，即論業績計酬（pay for performance）；另一種是職務制，視職位、任務給予報酬。晉級、高升的必要條件則是，**對企業理念、價值觀的共鳴程度，以及對職務的高度和觀點的理解程度**。

簡單來說，該名員工會不會「做人」非常重要。若一位員工能以**團隊成績為重、積極提升公司整體業績**，公司自然就該提拔這樣的人當主管。

另一方面，對於能夠創造高業績的人（會做事的人），也可透過每半年或一年一次的成績考核，把回饋反映在下一期的報酬中。但切記，不要只因為業績好，就貿然讓這個人升官，你得以「會做人」（不是只會做人）的人為優先。

從過去日本戰國時代的織田信長、豐臣秀吉政權，到後來的德川幕府時代，上述的用人標準更是屢見不鮮。例如，靠作戰創造業績的人就論功行賞（用現代的話來說，就是給予績效獎金）；至於能否成為領主、藩主或是提高俸祿，還得視這個人的忠誠度，或是否具備能照顧部屬、扛起責任等領導人資質為標準。總而言之，對於那些會做事的人，可以用發放獎金的方式給予回報，但是否升遷則是另一件事，千萬別混為一談。

好人主管的狡猾管理要點

提拔部屬時，以對公司忠誠度高、了解團隊方針，且能與其他成員融洽相處者為優先。

6 你可以有個人喜好，但得偏袒某些人

當你特別關心或照顧某位部屬時，一定會有人在背後說：「主管都只照顧〇〇！都偏袒他！」

這該怎麼辦？為了避免這種麻煩，很多主管都會刻意和團隊成員保持距離。但我個人認為這麼做沒什麼意義，既然會被說徧袒，那還不如徹底偏袒，而且是有意圖的偏心。也就是說，你得**不著痕跡的在團隊中帶風向，讓眾人無感，但都照著你的意思去做**。

其祕訣在於：「**把偏袒的對象擴大到團隊裡的每一個成員**」。但我的意思並不是對全體一視同仁，**你只要偏袒那些很努力、想努力的成員就夠了**，當然，如果全體成員都是這樣，就皆大歡喜了。

不論你是因為討厭對方而漠不關心；或是因為對方很可愛、因為是女孩子而特別關照，這些我認為都沒問題。另一方面，那些難溝通、無法有共同價值

觀、動作魯鈍的成員，我個人覺得就無須偏袒了。

一視同仁的主管最不得人心

因為每位成員都是獨立的個體，所以當他們能夠得到主管的關愛，自然都會高興萬分。然而，當你人人平等、一視同仁，反而會讓所有人都卻步。

當所有的人都不想得到主管的關愛時，你的麻煩就大了。因為以部屬的角度來看，他們會認為「主管根本不在乎我們」，自然也不會想來討你歡心。

為人主管者總認為，有差別待遇是不公平的，但實際上部屬的想法正好相反。對於**做出成果、工作努力的人，他們會希望主管大力的偏袒**，當你真的這麼做，就會促使底下的人**因為也想得到關愛而格外努力**。

不過，希望得到主管重視的部屬通常不會只有一個。這時，主管就得刻意舉辦「宣傳活動」。也就是說，你得每週換一個、或每天換一個人專注交流，透過循環機制，讓所有想被關愛的人都有機會如願以償。

例如，今天這個傢伙的提案不太順利，就找時間和他聊一聊；明天則設法騰出時間，和提早達標的另一個成員吃午飯等。只要你試著利益均霑，所有的人都會心服口服。但你得留心，循環的週期和交流的時間不要太長，以免失去主管應有的威嚴，害得底下的人不把你放在眼裡。

好人主管的狡猾管理要點

大方表現出你對部屬的喜好，越一視同仁的主管越不受歡迎。

7 用錯一個人，教也沒用，還拖其他人下水

自從二〇〇八年美國雷曼兄弟破產之後，日本企業也跟著大幅凍結人事預算、遇缺不補。而在日本泡沫經濟崩潰後（按：指一九九〇年二月之後）的這二十多年來，更多公司都是在人力不足的情況下硬撐下來的。

時至今日，人力不足已成了多家企業面臨的嚴重問題。事實上，人力變少之後，團隊每一位成員的工作量也會跟著增加。當團隊人手不足時，有些成員可能會發出求救：「找誰都可以，請公司快點錄用幾個人吧！」身為主管的你一著急，也跟著拜託人事部：「找誰都無妨，只要是能派上用場的人就好。」

但這時請等一下，不要這麼急。因為找錯人，絕對比人手不足還要累上十倍，千萬別這麼做（我的專長是人才顧問，請各位相信我）。

來了一個不會做事的人，只會使得原本手忙腳亂的公司更加雞犬不寧，連帶團隊的成員也會一併受折騰。讓花錢請來的人把公司搞得一塌糊塗，根本就

是本末倒置，就算這個人沒有對其他成員做什麼過分的事，但光看他比別人悠閒數十倍（給他事做只會搞砸，不如束之高閣），就是花錢找罪受。

任意接收其他部門調過來的人，也會導致同樣的結果。所以你一定要搞清楚，這個人是否具備了自家團隊需要的素質和工作能力。如果答案為否，即使現在的業務量吃緊，不，就算再怎麼吃緊，你都不應該錄用此人。

錯了就是錯了，再怎麼教都救不了

另外，請各位記住一個觀念：**錯的人就是錯了，再多教育都救不了**。這是天生資質的問題，倒不是說此人沒能力，問題是出在「他能給的不是你需要的」，不論教育訓練做得再好，這樣的落差始終都在，換言之，在不對的人身上進行教育投資，實在沒什麼意義。

換句話說，「找對人」永遠是最重要的第一步，之後好好教育，便能培育出優秀人才，把步驟顛倒過來是行不通的。

因此，平時就要讓團隊成員明白，隨便勉強找個人湊數只是自找麻煩。

如果公司決定補人，你得設法**讓所有團隊成員也一起參與徵才活動**；如果公司決定從內部提拔，大多數人都會認為此人是「國王的人馬」。這時主管就要設法消除這樣的歧見，例如說明從外頭找人有多麻煩（不熟悉公司文化、必須從頭學起、無法成為即時戰力等），並分析公司這麼做有什麼優點、又可減少什麼風險等，讓這位「自己人」能安全的接手。

讓團隊成員參與徵人、替面試者評分

另外，讓部屬一同參與徵人活動、為應徵者打分數時，正好可以讓他們思考自己的組織、整間公司要的究竟是什麼樣的人才，是很好的機會教育。

以敝公司為例，平時面試新人時，我會安排所有員工一起見見應徵者。然後請他們寫下面試心得，並預測全體員工最想和哪位應徵者一起工作，我會參考他們寫下的意見，用來決定最後要錄用誰。

另外，**透過團體面試活動，還可過濾現有部屬是否真的是優秀人才**。例如，失去工作熱忱、工作能力欠佳、有職業倦怠的人參與這個活動，可能會語帶提醒的對應徵者說：「就算被我們公司錄取也不見得是好事，像我自己就是個例子……。」

雖然為人主管一定不希望有人對應徵者說這種話，但藉此了解現有部屬究竟在想些什麼，也是考核團隊成員及整體狀況的大好機會。

好人主管的狡猾管理要點

「疑人不用，用人不疑」，否則只是拿石頭砸自己的腳。

8 主管應該偶爾故意不進辦公室

一個部門裡有主管坐鎮，部屬就像吃了定心丸一樣，因為隨時有人可以請益，當然會比較安心，但同時也有員工會因此緊張。相對的，有些主管也會因為「造成部屬緊張」而惴惴不安。

如果是彼此都會緊張的狀態就更不妙了。因此，說得極端一點，如果主管能不進辦公室或許會比較好。

要解決這個問題，我們得從最根本的立場開始談起。主管的責任大致可區分為兩部分：一是「決策的責任」，二是「要做出結果的責任」。而部屬要負的責任則是「執行的責任」和「回報的責任」。

因此，假設主管不在，**部屬就必須負起決策的責任**。雖然部屬理所當然要這麼做，但主管還是要先預設簡單明瞭的目的和目標。例如，針對這一期或是下一階段的願景，設定能讓團隊成員振奮、更有幹勁的整體方向。

廣採眾議但決策獨裁，讓所有人動起來

大型的主題關係到整體經營，當然得由主管親自下達指令，但要像先前說明的那樣，採取虛心的廣納意見，但做決定時必須採取獨裁的態度。不過，不要單方面由上往下命令，最好設立一個能夠讓大家一起思考，並具有激勵效果的目標。也就是說，不要讓部屬只做自己該做的事，而要讓他們為整體團隊、整個事業，甚至為公司提出下一個方向。

透過研討會策畫、制定願景的效果也不錯。日產汽車（NISSAN）前執行長卡羅斯・高森（Carlos Ghosn）的「特遣隊」就非常有名。

當初卡羅斯剛接任日產汽車執行長時，為了拯救頹靡的業績，曾推動日產汽車復活計畫。他讓各部門有志之士組成一支跨專業的特遣隊，這支特遣隊因為成功**取得了現場工作者的信賴**，終於讓日產走出危機、重新振作。

讓全體人員都能參與決策是最理想的狀態，卻不容易達成。因為並不是所有的員工都有研擬概念的能力和企圖心，只要讓他們乖乖聽話就行了。

讓部屬自訂目標，自己評分

另外，目標執行之後，你應該要試著讓他們替自己打分數。這種類似目標管理[3]的做法，可讓部屬配合組織目標決定個人目標。

與其單純告訴部屬「你這一期的目標就是這個」，不如**讓部屬自己決定**，**接下來該做些什麼來證明自己的能力，並在事後替自己評分**。這麼做無非就是希望部屬了解怎麼做會很順利、怎麼做會不順，理由為何，並在檢討過後進一步和下半年的目標連結。換言之，透過「自己決定、執行、檢討、設定下一個目標」的循環，可以打造出部門自動化的機制。

3 目標管理（Management by Objectives，簡稱 MBO）是由員工根據自己的權責範圍訂定目標，再交由主管審核修正，可視為一種「由下而上」（Down-top）的管理方式。

分享管理者權限，部屬會更賣力

話又說回來，主管的確不能丟下「做決策」和「做出結果」的責任，但可視狀況將這兩種責任移轉給部屬。意即，只單純針對部屬該做的工作，把做決定和做出結果這兩種責任讓渡出去。這麼一來，部屬會因為分享了管理者的權限而更努力工作，並對自己手頭上的業務負起責任。

瑞可利人力資源集團創辦人江副浩正的「員工皆經營者主義」，以及優衣庫（UNIQLO）的創辦人兼社長柳井正曾說的「所有員工都是商人」，就是這個意思。

好人主管的狡猾管理要點

要把一部分主管的權限轉移給部屬，讓所有的員工都變成經營者。

9 用類推思考來精準模仿，以複製成功

各位知道什麼是「類推式思考」嗎？簡單來說，就是**不以具體的事實，而用抽象的概念思考事情**。

很多人看事情往往看得太淺，眼見對方做了什麼有收穫，就一個勁兒的拚命照抄，然而，如果**你的模仿只停留在表面，仍舊無法成功複製對方的獲利模式**。你應該試著從具體的表象，類推至抽象的概念，去想想別人成功的真正原因究竟為何。

例如，假設A業務員在名片上放了自己的照片，成功提升客戶的反應，缺乏類推式思考的人聽了之後，就只會想到也要在名片加上自己的照片（照片是具體之物，所以這不算是類推式思考）。但為何有的人儘管貼了照片，客戶還是不來呢？這中間一定有什麼地方搞錯了。

於是，擁有類推式思考的人，在這個階段就會開始分析背後原因（此為抽

象之物）——「為什麼A這麼做會成功？」

仔細分析之後，你發現A的太太是彩妝師，而A本身又是個帥哥，在太太的精心打扮之下，A自然出落得體面大方，所以他才會認為，客戶看了自己的照片後應該會邀約碰面。

這種企圖從抽象的概念尋找答案的歷程，就是「類推式思考」。

「精準的模仿」是類推，絕非照抄

當你從抽象的概念中找到答案後，接著，就要再把此概念以具體的做法呈現出來。

在上述例子裡，你透過類推式思考得到的答案是：「業務員的長相若和商品相得益彰，對銷售業績很有幫助」。

因此，同樣的道理，如果是換成另一個專門跑大企業、有張嚴肅面孔的B，當他也把自己頗具專業形象的照片貼到名片上時，或許便能成功。這就是透過類推式思考，精準模仿並複製成功的最佳案例。

模仿熱門商品的方法有很多種，但如果無法正確運用類推式思考，從具體、抽象兩個層面分析該商品大賣的原因，並把這個抽象的概念落實為具體的操作辦法，往往很難成功。

類推式思考在狡猾管理上很能發揮作用，只要團隊的每個成員都懂其中的道理，就能更精準的從對手的獲利模式中擷取精髓、複製出成功。

好人主管的狡猾管理要點

不要只從表象判定事物，類推出背後的成因更重要。

10 如何管理「動物園團隊」？

「我的團隊成員每個人都超有個性，就像一座動物園。」常有主管因為團隊成員個性鮮明多樣而煩惱不已。

實際上，成員多樣化與團隊的強弱息息相關，雖然彼此價值觀不合會很傷腦筋，但擁有各種不同的成員，整體的實力會比較強。

團隊可以是「最強團隊」，也可以是「最適團隊」。只要先了解這兩種團隊的簡單結構，就可以成為狡猾主管的最大武器，在本章的最後，我要傳授大家這項祕訣。

最強團隊是指由相同的角色組成的團隊。這種團隊因為同質性高（大家都很相似），所以默契好，可以立即採取行動。

最適團隊則是指由不同的角色組成的團隊。因為多樣性高，可發揮互補作用，以提升整體的績效。不過，團隊成員多樣化，往往需要一段時間磨合，彼此才可互相了解到一定程度。換言之，組織這種團隊有個潛在的風險，當你想一鼓作氣發揮績效時，得先花很多時間讓引擎暖機。

短期專案必須夠強，一般業務你得互補

此外，最強團隊和最適團隊，可以依照專案期限（span）的長短靈活運用，以下就以「短期內決勝負的專案」及「一般業務」分別說明。

・短期內決勝負的專案

團隊裡都是相同的角色（最強團隊）會比較占優勢。因為短期或數個月內就要讓專案結束，所以組成同質性高的團隊會比較妥當。

・一般業務

一般業務具有持續性，所以能彼此互補的組織（最適團隊）會較強。身為

主管，你得將進攻型、防守型、管理型的人才都招攬進來，組成一支可以互助合作的團隊，將中、長期的案子做到最好。

總而言之，如果是短期內決勝負的專案，應盡可能找相似的成員；如果是長期作戰，因為變數多，組成一支擁有良好互補關係的團隊比較適合。只要能有這個觀念，你就可以自由選擇編組團隊的方式，達到人力安排最適化。

好人主管的狡猾管理要點

團隊可以是「最強團隊」，也可以是「最適團隊」。依照專案期限，找出你最適合的成員。

第五章

惱人部屬，這樣應付

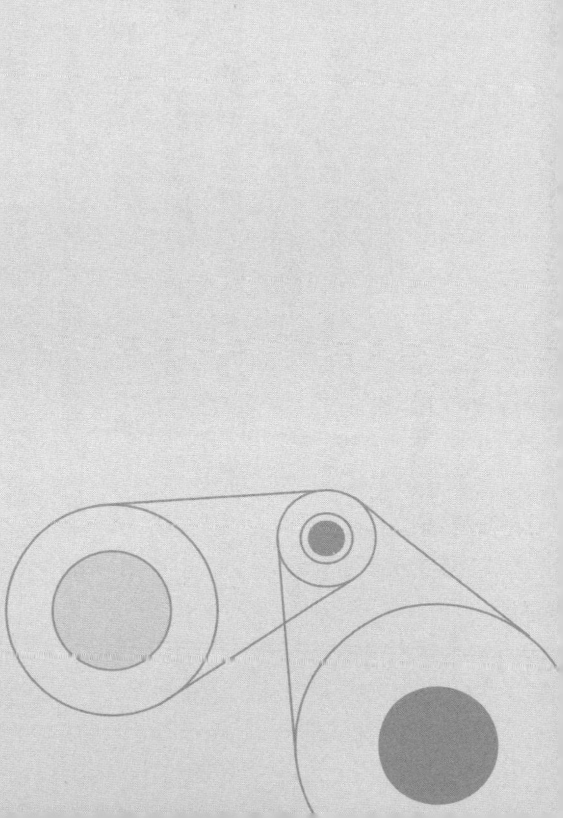

1 做事拖拖拉拉→讓他累積小小成功

前面談了這麼多狡猾管理的方法，照理說主管們應該所向無敵了，但在此要很遺憾的告訴各位，即使團隊各方面的運作都很順利，「超惱人部屬」還是存在。因為每個人的個性都不一樣，就算團隊的運作再順利，部屬也很難如你所期望的那樣自動自發。

因此在這一章，我想傳授各位主管，應付或擊退超惱人部屬的各種方法。我將簡單按照不同的問題狀況替他們分類，好讓大家可以對症下藥。

這節先談談如何讓那些懶得動、做事拖拖拉拉的部屬為你賣命。

這類部屬並非不聽話，交辦任務給他好像也不排斥，但總是一副狀況外的樣子，這時你大多會想盡各種辦法、用盡一切手段耳提面命。

「這樣說明你會了嗎？」、「做好了沒？」、「現在情況怎麼樣了？」、「有進度了嗎？」、「拜託你快點去做！」、「為什麼到現在還沒處理？」、

「你到底在搞什麼？」（情緒大爆炸。）

很多主管都是像這樣在不知不覺中失控的，這當然不是狡猾管理該有的表現。那麼，該怎麼辦？

不懂設計工作流程，就要他工作細分又細分

有的部屬雖無惡意，可就是懶得動。他們的問題出在**不擅長設計做事的程序或步驟，所以時間觀念薄弱**。面對這類型的部屬，就算你打他的屁股大喊：「快點處理！不要拖拖拉拉的！」他還是難以跨出第一步。這時，你只需要掌握下列兩個原則：

- **把工作細分成幾個小部分**（Chunk down）。
- **每天只要踏出一小步**（Baby Step）即可。

首先，你得先決定好今天之內能完成哪些工作，然後指派下去，讓這類部屬執行。

當然，最理想的狀態是，你只要簡單告訴團隊：「本季的目標是將業績提升至〇〇%，大家努力達標。」之後每位成員就能自動自發執行。可是，拖拖拉拉的部屬突然接到一個大目標時，往往無法消化達標之前的過程。

因此，主管一定要先**明確指示具體的工作為何**。例如，整理資料、打電話、記錄來客數等最容易完成的步驟，然後讓他自己設計「今天要做什麼」、「本週要完成多少」。

我再重複一次，這類型的人大多沒有時間觀念，而且不擅長設計工作的程序或步驟。就因為他們不會做這類的事，因此缺乏「自行設計工作流程而成功」的經驗。

基於這樣的理由，你得讓他們從工作最小的部分開始。只要他今天會做，明天就會做；一旦做出成果，這類的人可以從中體會到成功的滋味，如此不斷循環。

然而，對這類型的人說：「快點處理！不要拖拖拉拉的！」他們反而會覺得有壓力，因此陷入更不想動的麻痺狀態，請一定要避免。

我知道這樣慢慢來很浪費時間，但欲速則不達。這類型的人一開始的確是主管的負擔，但當他逐漸進入狀況後，你就能試著漸漸放手，最終他們一定可以和其他的團隊成員一樣自動自發。

小事樣樣順利完成，他就會想做大事

擁有一位自動自發、辦事俐落的部屬，是所有主管的夢想。為了達成這個遠大的目標，你應該先訂好每日要達成的階段性目標。例如，今天能夠完成什麼事，這些事可能是提升例行公事的效率，或把原本要兩個人才能完成的工作，精簡為一個人就可辦到，只要有這樣小小的進步（即 Baby Step）就夠了。

如果部屬做得不錯，就要明確稱讚，讓他們體驗成功，才會更有動力做大事。達成了小目標，就再設定下一個要改革的地方，讓整體團隊一起成長。

2 超害怕失敗→那就誇獎失敗

世界上多的是膽小怕事、玻璃心的人，就連工作能力超強的員工，也難免會因為求好心切而承受過大的壓力。

害怕失敗是人之常情，然而某些「過度害怕失敗的部屬」，卻因為這樣而不敢挑戰更高階的任務。若問他為什麼抗拒，他就會搬出一大堆理由來搪塞。實際上，講了這麼多，他想說的不外乎：「我就是害怕呀！如果事情被我搞砸了怎麼辦？」總而言之，他是因為害怕失敗而寧願什麼都不做（反正不做就不會出錯）。

面對這種害怕失敗的部屬，與其責罵他、逼他快點動起來，還不如告訴他「失敗，是成功的必經之惡」，以及「不作為之罪」（指行為消極、不履行本該履行的義務，是極大的罪過）比失敗更嚴重。

如果公司有這種麻煩人物，上頭一定會要求主管積極解決。因為這種會害怕失敗的人，既提不出好的建議、也不會主動採取行動。因此，為人主管者要**刻意誇獎失敗，肯定員工勇於挑戰困難**，部屬下次才有可能成功。事實上，像豐田汽車（TOYOTA）、3M等極為重視開發新事業的公司，就有「考核挑戰失敗」、「失敗共享機制」等管理失敗的制度。

一旦畏懼失敗，你就不可能會贏。各位應該要先建立一個觀念：**工作上的失敗總有辦法解決，不會讓人永遠無法翻身**。換句話說，工作上沒有無法挽救的失敗，放膽去做就對了。

然而，當中唯一的例外，便是「不願接受挑戰」造成的失敗。大多數人在菜鳥時期，都曾因為自信不足、缺乏經驗，而把眼前的大好機會拱手讓人，等察覺到這麼做有多可惜，才後悔莫及。

「無大錯者即無大功」。由此看來，與其一再告訴員工別怕失敗，還不如積極營造一個，即使失敗也不會受到責罰的工作環境。

讓部屬「想做」、「全見」、「能做」

最近「恢復力」（Resilience）一詞備受注目。基於這種想法，我認為下列三點有助於提升部屬的恢復力，並培養他們面對失敗的韌性。

- **打造「這麼做很有意義」的感覺（自動自發想做）**

給部屬一個他「想做」的主題，讓他覺得手上的業務很有意義、自己在這間公司是有價值的，他就會表現出幹勁。

- **打造「掌握整體」的感覺（看見工作全貌）**

只侷限在自身業務、**看不見整體在做什麼，很容易讓工作者產生不安**。雖然大部分的人都只是整體的一小部分（有如一部大機器裡的小小螺絲釘），但如果不清楚自己的角色為何，你**就不會對工作產生熱情**。

例如，行政部門就常發生這種狀況。主管未做說明，只是交代部屬做資料。在搞不清楚自己負責何種業務的狀況下，部屬心裡就會覺得不踏實。這時，主管如果能先向負責製作資料的屬下說明，公司要如何利用這份資料向客戶提案、期待客戶會有什麼反應、這份資料能替團隊爭取到何種機會等，**讓該部屬掌握整體狀況，他就會覺得自己的工作很有意義。**

‧打造「可用過去經驗處理問題」的感覺（這項任務難不倒我）

根據心理學的研究，過去曾有成功經驗的人，在挑戰全新事物時，即使是全然陌生的領域，還是會沒來由的相信自己絕對做得到。事實上，這種過分樂觀的態度，遠比小心翼翼、缺乏信心的心態還重要。

想要達到這樣的效果，前提是必須累積一定的成功經驗。對於那些叫不動、懶得動的人，可藉由前面提過每天踏出一小步的做法，讓他持續累積小小成功；或是請他們回想過去的成功經驗（大學時代、孩提時代的事都無妨），只要回顧人生中的順境，他就會產生「這回我一定也可以辦得到」的感覺。

若是上述方法都用過了，部屬還是覺得自己沒辦法，為人主管還是可以有技巧的把工作交辦下去。你只要在他回顧完成功經驗之後，順勢補上一句：「對嘛！這種事情你不是一向做得很好嗎？這次一定也沒問題的！」這也是狡猾管理的妙招。

政策朝令夕改，人心凝聚不來

讓部屬感到首尾一貫（Sense of Coherence，簡稱ＳＯＣ）非常重要。所謂首尾一貫，就是要做到起承轉合、環環相扣，並讓底下的人產生「只要我現階段這麼做，接下來大概就會是那個樣子，八九不離十」的感覺，進而熟悉整個工作流程。也就是說，你得讓底下的人從過去的經驗中，學到一套標準作業流程（ＳＯＰ），而不會這次是這樣、下次又變成那樣。

高層的政策若是搖擺不定，會替團隊帶來不少壞處。首先，策略搖擺不定，會讓部屬不知道自己到底該做什麼；此外，對團隊成員而言，如果今天做的事情無法獲得上頭擔保，那身為執行者一定會非常惶恐。例如，今天高層說：「公司今後要朝這個方向前進，各位要依據此方案持續努力。」明天卻突然提出完全不同的政策，這會讓團隊成員產生無力感，除了無所適從之外，還會覺得「做什麼都不對，反正上頭朝令夕改」。

據說，一個人會對自己沒有信心，或者對自己無法產生信心，多半都是因為過去的經驗或家庭等問題，也就是精神上曾經受過創傷。但是，阿德勒（Alfred Adler）心理學（將於第六章詳述）指出，面對殘酷的過去，有的人每況愈下，有的人卻是越發堅強。換句話說，有的人認為「反正環境這麼無情，我乾脆也跟著做個冷酷的人吧」；有的人則認為「正是因為環境無情，所以我才要更努力」。總而言之，你的過去如何，與你的現在及未來並沒有一定關係。面對未來，要抱持什麼目標、要有什麼樣的行為，全都是個人的選擇。

對於因為害怕失敗而無所作為的人，為人主管者可用上述這些方法激勵他們，使其不再畏懼失敗，增強他們的心理韌性。

圖表5-1　給害怕失敗部屬的處方箋

「想做」、「全見」、「能做」

- 打造「這麼做很有意義」的感覺……讓部屬找出自己想做的主題。
- 打造「掌握整體」的感覺……讓部屬清楚知道，自己在整體中扮演的角色及負責的職務。
- 打造「可用過去經驗處理問題」的感覺……讓部屬相信自己可以做得到。

讓部屬感到首尾一貫

「只要我現階段這麼做，接下來大概就會是那個樣子，八九不離十。」如此一來，部屬才能安心做事。

別讓過去限制自己

過去如何與未來並沒有一定關係，全是個人的選擇。

3 怕被人討厭、牆頭草→提醒他三件事

部屬如果八面玲瓏、拍馬屁過了頭，就會變成一個麻煩人物。因為不想被討厭，他會對你這個主管說：「您說的沒錯！」因為不想被討厭，他會對持反對意見的團隊成員說：「是的，我也贊同！」如果部長又提了別的事情，他會說：「真不愧是部長，太令人佩服了！」如果早就不管事的董事長提出不切實際的願景，這類員工也會毫不猶豫的說：「我會一輩子跟隨您！」

假使這個人的贊同、附和，單純只是為了和同事打好關係，你大可放任不管。但如果他在進行業務時變成一株牆頭草，把該做的事改來改去，而且還顧此失彼的讓任務陷入僵局，就該是主管插手的時候了。

另外，這種八面玲瓏的部屬，還會因為太在意別人的臉色而延誤工作，或者無法堅持自己的主張，而製造出許多困擾。這時該怎麼做？

面對不想被別人討厭的部屬，你一定要告訴他下列三件事：

- 世上沒有完全不被討厭的人。
- 別人並不像你想的那麼在意你，四處討好反倒讓你成了麻煩人物。
- 如果老是被別人的意見搞得暈頭轉向，你就會陷入自我厭惡的狀態。

以自我為中心才是正確的工作態度

很多人因為不想被討厭而變成牆頭草，但事實上，世界上沒有人會被百分之百討厭，反過來說，世界上也沒有人會被百分之百喜歡，各位必須先有這樣的認知。所以**不要看別人的臉色做事，而要以自我為中心行動**。

害怕被討厭的人大多自我意識過強，由於太過在意自己在他人眼中的形象，他們不得不處處討好。碰到這類型的人，請對他們說：「其實周遭的人並不像你所想的那樣，一天到晚都在看著你。你想想看，你自己會整天注意別人的一言一行嗎？」

因此，「究竟是為了誰而採取行動（自己或是他人）？」對該部屬來說，正是「能否在好的狀態下工作」，以及「能否成長」的重要關鍵。

總而言之，**在人生的航道上，如果掌舵者不是自己，你終究只能隨波逐流**。儘管整體團隊由你帶領，但每位成員還是必須能夠獨當一面，並以自我為中心進行各項工作。

不想被人討厭的部屬，做任何事情或許都會想到「這麼做可能會被討厭」。但是，請告訴他們：「就算會被討厭，也一定還會有別的人肯定你。只要你知道自己在做什麼，那些討厭你的人總會諒解你的。」

4 過於渴望被肯定→誇他誇到他冷感

「我是那種越被誇讚，業績就會越好的人。」這類老愛邀功、過於渴望被肯定的部屬應該不少見。

誇獎本身並不是壞事，但和前一節提到的八面玲瓏一樣，一旦過了頭反而會惹出麻煩。

在第二章，我介紹過內在動機和外在動機。事實上，就心理層面而言，「給予稱讚、誇獎」和「懲罰」的定位是一樣的，意即不論誇獎還是懲罰，都是一種外在動機，會讓接收的人對你產生依賴。

如果部屬把誇獎當作激勵，就會「對誇獎的感覺越來越遲鈍」。簡單來說，你越誇獎，他就越無感。因此，如果你想對付過於渴望被肯定的部屬，使出超級誇張的誇讚法就對了，不論大事、小事，只要這類部屬稍有表現，你就大力誇讚，久而久之他就會對此冷感，不再動不動就來邀功。

多誇，但保持距離是上策

如果你不想讓部屬對此死心，只想使他稍加收斂的話，可以試試下列方法。面對過於渴望被肯定的部屬，「傾聽」是最基本的態度。但對他太好的話，同時也潛藏了「提高對方依賴度」的風險，所以主管最好**保持一點距離，站在安全範圍外付出關心即可**。

例如，對於這類部屬，你打招呼、對話的次數，只需要比一般的員工稍微多一點。總之，給予特別對待只會讓狀況更惡化，你不需要過度冷漠，而是不著痕跡、**當作日常慣例一般淡化處理**。

話雖如此，根據馬斯洛（Abraham Harold Maslow）的需求層次理論（人類需求從高到低可分為五個層次，分別是：生理、安全、社交、尊重和自我實現），你仍然得滿足部屬「安全」和「自我實現」這兩種需求。因此我建議，**透過四目交接、微笑、正確喊出對方名字，做到基本的交流**，讓這類型部屬知道「我已經是團隊中不可或缺的一員」就可以了。

5 雞婆插手別人業務→提醒他、依賴他

公司裡常有一種人，你明明不需要，但他就是不請自來的想教你做事、或是一個勁兒的想幫忙。

這種部屬通常沒什麼自信，他不過是透過插手其他成員的業務，以確保自己的立足之地，並滿足自我的重要感。

這種「總是插手別人業務、愛多管閒事」的部屬，以年紀較大的員工居多。尤其是身為主管的你年紀比他還小時，這種人出現的機率就特別高。

這類部屬最令人困擾的地方是，只要你拒絕他插手，對方就會生氣、抓狂，覺得你沒把他這個前輩看在眼裡。

當然，他們給的建議也有可能是好的，所以你也沒必要一律回拒。但是，如果這個人已經明顯介入、且做得太過分的時候（例如要對方把整份報告交給自己處理），你這個做主管的就必須不客氣的告訴他：「〇〇（被插手的部

屬）已經可以獨立作業了，不勞你費心。」請他重新確認份內工作、把自己和別人的業務劃分清楚。

刻意表現依賴，讓超齡部屬覺得自己重要

我知道這類型的人內心通常都很不安，因為年紀一大把了卻沒有機會升遷，周遭都是剛從大學畢業、前途無可限量的年輕人，甚至連主管都比自己年輕，這教他怎能安心？

面對這類部屬，主管最重要的工作，就是要在團隊中給予他明確的定位（通常是擔任指導者的角色），讓這些人知道「這個任務非你莫屬」，藉此滿足他們希望被肯定的需求。

而身為主管的你，如果你的年紀比他們還小，刻意表現出依賴、請益的姿態，通常效果也不錯。總是插手別人業務的部屬一旦被你賴上，他們的自尊心和自我重要感就能獲得滿足，反而會更服從你、且更積極的投入工作。

6 暴走型怪獸↓他激動你就冷淡，給歸屬感

對一家公司而言，容易暴走的怪獸部屬是最恐怖的，就像秀才遇到兵，有理說不清。出乎意料的是，這類型的人大多聰明絕頂，不少人還擁有ＭＢＡ的高學歷。

實際上，這類型的人腦筋好，人格卻不夠成熟。例如，電視上常見的評論家、名嘴等人，似乎都喜歡對著周遭的人指指點點、**不斷拋出自認為正確的理論企圖說服眾人**。這其實也是一種渴望獲得肯定的表現，不過，「**想贏過對手**」的心情似乎還是占了絕大部分。

溝通、討論當然是好事，但如果出現攻擊性的言論，或是在原本已經有點火藥味的對話中火上加油，單純為了反對而反對，就不太妙了。我見過許多無法控制自己的情緒、進而讓場面失控的人，大多是容易暴走的怪獸部屬。

面對怪獸部屬的無端挑釁時，最糟糕的應對方式就是「認真把他當作對

手」。一旦你的情緒被他撩撥起來、同樣大動肝火，就合了他們的意。其實你只要**全程表現出淡然即可**。

部屬暴走別上當，冷處理才是王道

事實上，這類型部屬所強調的理論，通常都沒什麼內容，或是一些聽了就有氣的歪理。身為最了解工作本質的主管，聽完之後應該都會很想反擊。但是，這類型的人就算知道自己說的是錯的，還是會不分青紅皂白的硬拗到底。所以，主管一定要努力用沉穩的口氣，只針對重點及必要的事項慢慢說明。

一旦你也跟著感情用事，雙方的情緒就會一起往上衝，所以此時主管最重要的，就是設法讓對方冷靜下來，並以冷靜（甚至冷淡）的態度處理。

工作一出錯就很容易抓狂的，大多也是這類型的人，這時他們會立即回嘴：「是你沒說清楚、你沒告訴我，不是我的錯！」把責任推得一乾二淨。當然，如果真的是主管的疏失，一定要馬上說：「是我忘了提醒你，我很抱歉！」但是，這類型的人通常也很狡猾，且大多非常聰明，對於自己的過錯常會反應過度，由於害怕丟臉，他們**大多死不認錯，並習慣用先發制人的怒意來掩飾心虛**。

因此，為人主管者一定要明確表示，「自己完全不是在挑釁或取笑」。當他們出錯時，不要不問原由，開口就說：「你為什麼會出包？」一定要設法讓對方把事實說出來，然後再冷靜的和對方討論「接下來該怎麼辦」。

前文提過，這類部屬動不動就抓狂，是因為渴望獲得肯定，這種人就像顆不定時炸彈，平常就容易讓職場的氣氛緊張，且他們對於周遭的事情通常漠不關心、不在乎別人的感覺，卻對自己的感覺非常敏感。總之，他們會很自然的**把別人的任何反應，都當作是在詆毀自己的人格**。

因此，這個時候，身為主管的你一定要說：「我不是在挑剔你的能力，更沒有藐視你的意思，我只是說你的做法可能是錯的。」意即，你得強調自己只是針對做事的方法和程序提出疑問，而非故意刁難他（對事不對人）。

但是，當他工作進展順利時，你則要大力誇獎，簡單說一句：「幹得好！

團隊裡有你真是太好了！」就能讓怪獸部屬把平日的怨恨及不滿拋諸腦後。（不過，正如前文所言，過度誇獎會讓人產生依賴，請留意這個潛在風險。）

讓部屬有歸屬感，他就不會擦槍走火

話又說回來，**怪獸部屬之所以危險，大多是因為覺得自己「聰明絕頂、卻不被了解」**。當他們在團隊中找不到歸屬感，長久下來就會產生孤寂和憤怒。

換言之，只要讓這種人對團隊有歸屬感，他們就不會擦槍走火。

所以平日除了要多注意他們的言行舉止之外，還要刻意製造溫馨的交流，並讓職場有活潑開朗的氣氛，就能減少積怨的問題（流動的河川較少淤泥）。

就長遠來看，這麼做的確效果頗佳，甚至可以改變一個人的個性。例如，某公司有個表現優異、卻很容易抓狂的女職員。當她有所表現時，她的主管總是刻意把她推到最前面接受表揚，長久下來，女職員便漸漸對於自己動不動就抓狂的行徑感到難為情，再加上團隊氣氛溫馨、彼此互相打氣，她的個性也變得溫和許多。

儘管本章介紹了許多對付超惱人部屬的方法，但現實生活中還是有很多例外，有的甚至會嚴重威脅到公司的經營安全。

主管如果知道公司裡有這種部屬，建議還是僅儘早設法解決比較好。如果你服務的是大公司，就找人事部；如果是新創事業或中小企業，就找董事長；如果你自己就是董事長，那不妨向經營顧問公司尋求協助。

第六章

當主管該有的心理素質——向阿德勒學幾招

1 當主管，立場很為難？因為太想改變別人

「我不過是個人！」

這是日本著名詩人暨書法家相田Mitsuo（相田光男）的名言，這句話讓世上許多人得到了救贖，包括為人主管在內。

沒錯，就算你是掌管數百名部屬的主管，下班以後也不過是個普通人；正因為主管不是神，所以絕非萬能。我們也有吃不消的時候，也有想偷懶的時候；有興高采烈的時候，自然也會有想哭泣的時候。

然而，一旦成為主管，或是自行創業成為經營者，很多人就覺得自己必須像神一樣無所不能。但是，誠如我一直告訴大家的，作為一個狡猾的主管，就應該處處想得開、一切放輕鬆、順其自然。

二〇一四年，迪士尼動畫電影《冰雪奇緣》（*Frozen*）的主題曲《Let It Go》（日文翻譯為《真實的自己》），不但在日本爆紅，也迅速風靡了全世

界，相信不少人都能哼唱兩句。

如同歌詞內容所述，只要坦率的活出「真實的自己」，你就什麼都不必害怕了。電影中的艾莎公主（Elsa）掙脫了原本束縛自己的種種教條、成為無所不能的冰雪皇后，為人主管也是一樣的道理，當你真的跨出那一步，就一定能改變現況。

在這一章裡，我想請各位一起動動腦，看看自己可以做到什麼程度，是否真的可以改變自我。

「當主管立場很為難，我不適合這份工作」真的嗎？

身為主管，你是否常為職場運作不順、人際關係觸礁而煩惱？

「好累啊，我真的做不下去了。或許我根本不夠格當主管吧，說不定改行會比較輕鬆……。」當你疲憊不堪時，各種負面想法瞬間湧上心頭。

提醒各位，陷入這種情緒時，找個人談談會比較好。總之，不要急著下定論，行動前最好再想一想：你究竟為什麼會任職於現在這家公司、進入這個領域，並居於現在這個職位？

你現在之所以會擔任這個職位，是因為你有之前一路累積下來的各種經驗。從踏出校門、進入社會到現在，不論你是一直待在同一家公司的同一部門，還是職務已異動過無數次，或是換過一、兩次不同的跑道，都是因為有這些經驗，才能讓你爬上現在的這個位置。

縱使現況艱辛，但應該也不是所有的事情都出了問題。最重要的是，你得清楚的認知：這一切都是你個人的選擇。

讀到這裡，你也許會想反駁：「話是這麼說，但是我在職場的狀況真的很糟糕呀。」請不要著急，靜下心來再仔細想一想。

你現在對職場的不適應，並不是公司規定你要這麼做的，而是你個人的感覺（也就是說，這是你自己定義出來的結果）。

用比較嚴苛的說法來歸結，就是「你現在的狀況，全都是你個人的選擇，而且全都是你自以為是的認知」。

因此，首先，你是不是應該要先試著接受所有的狀況？然而，對於所有的狀況，**你既不需要過度肯定，也無須過度否定**。

總之，請先試著接受一路走來的自己（也就是「真實的自己」）。然後，設法走出過去、迎接未來。也就是說，不要再為過去煩惱、悔恨，而是要積極計畫未來的路該怎麼走。

「**你無法改變別人和過去，但是你可以改變自己和未來**」，相信大家都聽過這句話，所以你一定可以按照自己的意志改變未來。

你之所以能擔任管理職，一定有它的意義。今後該如何開啟未來的路，和你的公司、主管、部屬都無關，因為選擇權其實一直都在你自己的手裡。

2 對周遭事物敏感，對自己感覺遲鈍

如果你的部屬、上司、客戶、合作對象等，經常把目光聚焦在你這位主管身上，可能會讓你覺得成天神經緊繃，甚至力不從心。

第三章介紹的職場情緒能力二十四要素（見第七十八、七十九頁圖表3-2）中，有一個「社會自我」，這是一個有關「想知道周遭之人如何看自己」的素養。社會自我高的人，很關心周圍的人怎麼看待自己。所以常會以他人給自己的評價為核心，並按照他們的期待行動。

反之，社會自我低的人，比較不關心別人如何看待自己，也不在乎別人給自己何種評價。他們大多不理會別人怎麼說，自己想怎麼做就怎麼做。

當然，這沒有對錯或好壞之分，不過是個人的特質。然而，各位身為領導者，最好還是**試著把社會自我降低一點**。

領導團隊絕對不是一件容易的工作。不論團體成員是多是少，只要是一群

人一起工作，就難免會產生摩擦。因為組成團隊完成任務，或將眾人放在相同部門一起共事，就代表把擁有不同經歷、背景、常識的人聚在一起，協力達成目標、並肩作戰。為此，領導者必須顧慮彼此的感受，訂下大家都得遵守的規定，彼此互助合作。但每個人都是獨立的個體，一個人都可以心猿意馬了，一群人當然人心難測。

換句話說，帶領眾人時，你原本就不可能做到面面俱到、萬眾一心。

因此，主管在採取任何行動時，都必須**根據自己的核心價值、信念來做事，而不是以奉承、討好眾人為出發點**。

專注於眼前課題，全力以赴

如果常被周遭他人的評價和看法動搖，你很難成為一個有始有終的領導人。實際上，那些創業家、引領革命者，其社會自我大多非常低。換句話說，他們都是「對周遭事物敏感，卻對自己的感覺遲鈍」的人。

但是，在**大型企業擔任中階管理職的人，社會自我卻有偏高的趨勢**。這些人在求學階段多為乖乖牌的好學生；出社會工作之後，則一本初衷的繼續接受公司或周圍的人給自己的評價。

那麼，這樣的人要怎麼做才能把社會自我降低？其中一個方法就是「集中精神做你現在該做的事」。因為縱使有人跟你說「不要在意旁人眼光」，你也很難真的做到。

人的意識很奇妙，當別人越告訴你「不要想這個」，你就越會去「想到這個」（著名的白熊心理學〔White Bear Phenomenon〕講的就是這個現象。當別人越是要你不要去想白熊，你就一定會想到白熊）。

總而言之，如果你無法擺脫他人的注視，與其動不動就患得患失，還不如訓練自己專注於眼前的課題，並全力以赴。

3 那是部屬的人生，你點到即可，別太投入

如同我先前說明的，如何回應部屬的煩惱是非常重要的課題。難得有部屬前來請益，你苦口婆心的開導勸說，可是對方卻沒聽進去。「為什麼會這樣？」你很焦急，在此同時，部屬所擔心的事影響了你的情緒，這是好人主管很常遇到的狀況。

那麼，狡猾主管的態度又是如何？他們會告訴自己，部屬不聽從建議、任憑自己被不安和悲傷折磨，這全是「部屬的問題」，而不是「主管的責任」，清楚的將之切割開來。

近年來備受注目的阿德勒心理學，將上述行為稱為「課題分離」。阿爾弗雷德・阿德勒，和西格蒙德・佛洛伊德（Sigmund Freud）、卡爾・榮格（Carl Jung），並列為心理學三大巨頭。就連被稱為「自我啟發之父」的戴爾・卡內基（Dale Carnegie）、以及提倡教練式領導（Coaching）、

NLP（Neuro Linguistic Programming，身心語言程式學）理論的史蒂芬・柯維（Stephen Covey）博士，都深受阿德勒的影響。

被部屬的問題影響情緒，那你問題大了

為人主管者，在遇到狀況時，請不時自問下列兩個問題：

「這件事情最後要傷腦筋的人是誰？」

「要解決這個問題的當事人是誰？」

不聽從你的建議，或許因此失敗的是部屬，不是你這個主管；會永遠沉浸在不安、悲傷中的是部屬，而不是你。

若你參與了部屬的諮詢、給予建議之後，卻陷入不安、悲傷的情緒裡，那就是「身為主管的你」的問題。事實上，**你只需要誠實以對、點到為止，完全**

不需要投入到這種程度。至於部屬會有什麼反應，不是你能控制的，因為這全是他自己的選擇。

如果把「部屬的問題」和「自己的問題」混為一談，你就會強烈希望事情能按照自己的意思解決，進而導致感情用事。但請各位記住，我們可以把馬牽到水邊，卻不能強迫牠喝水。總之，帶人時，你得把自己和部屬的問題切割開來，無須把整個人都賠進去（見第一八八頁圖表6-1）。

圖表6-1　主管和部屬的問題要區分清楚

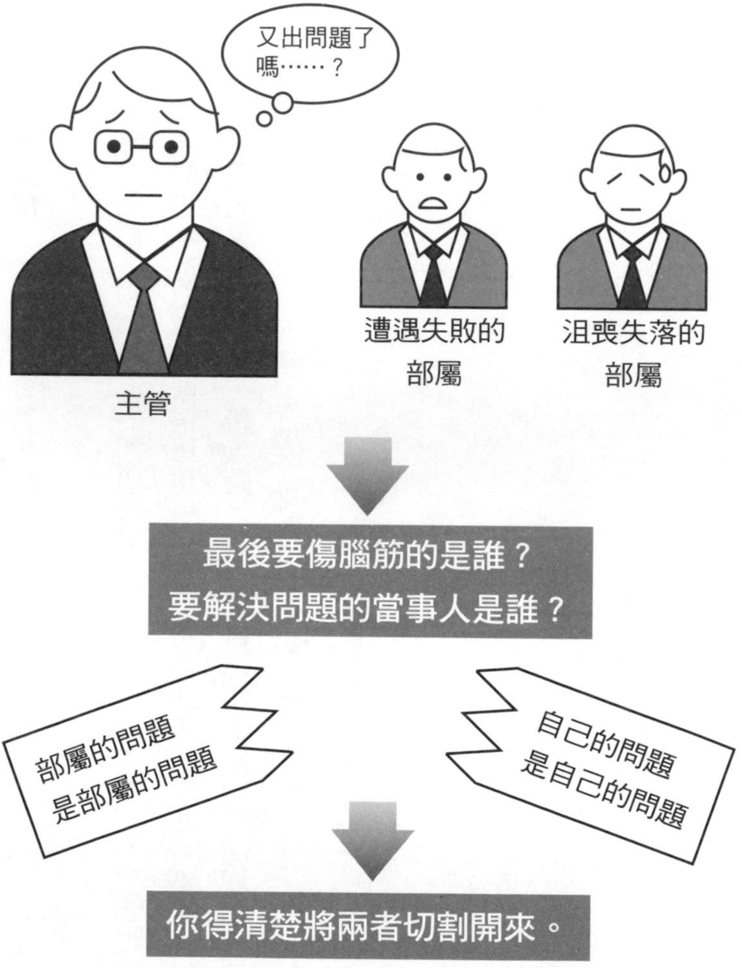
又出問題了
嗎……？
主管
遭遇失敗的
部屬
沮喪失落的
部屬
最後要傷腦筋的是誰？
要解決問題的當事人是誰？
部屬的問題
是部屬的問題
自己的問題
是自己的問題
你得清楚將兩者切割開來。

4 沒人討厭你，表示你毫無表現

工作場合裡能有推心置腹的朋友，精神上就能有個寄託。尤其是和自己一起進公司，年齡又相仿的同期同事，因為彼此價值觀相近，很容易在精神上產生依賴感。

不過，再怎麼意氣相投，都不能無條件撒嬌、依賴。這麼做是有風險的，希望大家都能有這個認知。

在工作上，如果你的部門或團隊中出現小團體，你得小心為上。若彼此只是單純的切磋琢磨當然好，但如果你是好人主管，往往就會在不自覺中產生「我不能太突出、鋒頭太健」、「我得顧慮其他同事感受」的壓力。

身為狡猾主管，千萬不要掉入「若沒顧慮到他人感受會被厭惡、嫉妒」的陷阱裡。因為這會讓你在必須發揮實力時裹足不前；更會讓你害怕使出全力、不敢拿出更好的業績，而妨礙你的事業發展。

對那些反對你的人視而不見

前面提過的「課題分離」，在這裡就可以派上用場了。**同期同事嫉妒你、討厭你，是「同期同事的問題」，不是你的問題。**

這個方法不但可以解決職場上的人際問題，也適用於所有的狀況。每個人都不可能百分之百被喜歡，也不會百分之百被討厭。

日本前首相小泉純一郎，以及從民主黨手中奪回政權的前首相安倍晉三，他們全盛時期的支持率都在六〇％至八〇％上下。雖說這是極高的支持率，但不支持他們的人也有二〇％到四〇％，所以故意對不支持你的人視而不見，其實也沒什麼大不了。

至於因為太突出而被嫉妒、厭惡時，該怎麼辦？其實這種事情想再多也沒用，我還是那句話，集中精神聚焦在眼前的業務，才能專心致志的往前邁進。

5 同理你的主管，駁倒他不會讓你勝利

儘管你已開始帶人，但你上頭通常都還有主管，擔任管理職的人該如何和自己的頂頭上司相處，絕對是個不容小覷的課題（如果你已是董事長，則可以想像成和他家企業主、股東之間的關係）。

據說人會對職場不滿、會想要換工作，有九成的原因都是因為「對主管不滿」。我身為專業的人才顧問，幾乎每天都要傾聽來自各公司主管的抱怨。「他們的方針分明就是錯的」、「主管根本不相信我」、「董事長老是把事業推往自以為正確的方向，其實根本不是那麼一回事」……。

遺憾的是，如果你和你的主管處不來，唯一可以確定的是，即使你擊敗了他（駁倒他的立場，證明自己才是對的），你也不會是勝利的一方。

因為你的敵視將誘發主管反擊，如果對方是一般常見的「反應型」主管，他就會出現接下來要說明的「不當行為」。

無法苟同時，用理解代替同意或不同意

不當行為的學說，由出身阿德勒心理學派的德瑞克斯（Rudolf Dreikurs）提出，內含四個階段的錯誤目標。分別是：「尋求注意→權力鬥爭→尋求報復→自我放棄，表現無能」（見左頁圖表6-2）。

陷入不當行為的人，在第一階段為了吸引他人目光，會刻意製造問題和麻煩。如果進展不順利，他就會進入鬥爭階段；如果事情不如自己所想，他會接著用更偏差的行為來報復對方；最後，索性自我放棄，避免和別人產生關係，並開始處處強調自己究竟有多無能，以失敗者自居。

如果你和主管處於敵對狀態，最後不是被權力、位階都比你高的對方駁倒，就是在事後遭到挾怨報復。即使你在這場鬥爭中僥倖獲勝，最後留下的也只是和你撕破臉的主管、冷眼旁觀（或尷尬得如坐針氈）的同事，以及精神備受煎熬的自己。

以追求健康職場關係為目標的狡猾管理，不但不搞這種沒有成果的鬥爭，

圖表6-2　不當行為的四階段錯誤目標

第一階段　尋求注意

為了吸引注意而製造問題。
自以為只有在引起注意時，自己在世界上才有一席之地。

第二階段　權力鬥爭（尋求權力）

為了證明自己的力量而採取各種行動。
以為握有權力才能證明自己的重要，最明顯的特徵是具有攻擊性、凡事都想當老大。

第三階段　尋求報復

如果事情不如意，就用偏差行動展開報復。
自認傷害別人才能在社會中找到自己的地位，就如同別人傷害他一樣。

第四階段　自我放棄，表現無能

避免和別人互動，處處突顯自己的無能。
把無能當擋箭牌，擺出無法勝任的樣子，避免任何可能失利的狀況。

還要貫徹開放、互相信賴的態度。

就如同我在第二章說明的，「同意或不同意」和「我理解你」這兩種回答其實不相違背。儘管你不同意主管的意見，但至少可以回答「我理解你說的」；如果你真的無法苟同，也只要輕描淡寫、語氣開朗的告訴對方：「我是基於○○的理由，和你有不同的意見」就行了，相信主管若是夠明理，一定不會為難你。

根據ＥＱ理論，「人會說之以理，動之以情」。駁倒對方的主張，或許可以說服眾人，但雙方的感情勢必會受傷，對方絕對會下意識的排斥你。因此，在感情方面，如果能和主管保持良好的成熟關係，你就贏定了。

6 練習和內心的小惡魔交手，並占上風

在此要再強調一次，主管也是人。我們既非聖賢、更不是萬能的神，每天在壓力下生活，一定有各種負面情緒不斷在心裡翻騰。例如，「好累」、「煩死了」、「我想放棄了」、「真悶」、「好羨慕」、「我會被他氣死」等，就像小惡魔一樣不斷撩撥你的心情。

為什麼人會有負面情緒？如同我在前面說過的，情緒這玩意兒其實來自於當事人的解釋及定義。換句話說，是你自己賦予它意義的，因此情緒並不等於事實。

例如，下雨令你覺得「好鬱悶」，這是因為你將下雨這種現象，賦予「鬱悶」的意義。對喜歡讀書的人而言，下雨或許是件好事，因為他們想到的是「今天可以一邊欣賞雨景，一邊在家看書了」；如果是農家的話，應該會覺得「太好了，這下有水可以灌溉農田了」。總而言之，你的解釋及定義，將會影

響你對現象的看法。

話又說回來，你之所以對部屬的言行感到焦躁、憤怒，是因為你對部屬的行為賦予了某種意義，當中一定包含某種你心中渴望（卻無法如願）的目的。

例如，你想控制部屬、想偷懶不處理麻煩事、想選擇放棄等。是不是被我說中了呢？

發飆前先默數六秒，別讓情緒控制你

當然，要排除或處理所有的負面情緒是不可能的。但是，為人主管仍然必須學習如何馴服「內心小惡魔」的技術。以下提供兩種方法：

第一個方法，讓負面情緒像靈魂出竅一樣離開肉體。也就是說，你得改用第三人稱的立場，重新確認自己現在的情緒狀態。例如，「天啊，這傢伙真的好生氣！」、「他（其實是你自己）為什麼感到焦躁？」這對大家來說應該不會太困難，請試著挑戰看看。

另外一個方法，是以客觀的角度思考「我現在因為什麼原因不高興」。當你這麼反問自己之後，就能接著得到：「因為我希望部屬能贊成這個意見，但他卻打槍我。」、「因為我帶人帶得很煩了，很想逃離這份工作。」諸如此類的答案。不少人可能會覺得這麼做很困難，但透過自問自答，不但可以慢慢釐清自己真正的目的，還能增加控制自我（ego）的能力。

特別是憤怒的情動[4]（emotion）湧現時，據說要過渡到情緒的階段，只要短短六秒就夠。因此，建議各位發怒前，先在心中默數六秒，就能讓翻騰的情動鎮定下來。

4 情動為心理學專門用語，泛指憤怒、恐懼、快樂、悲傷等，會快速被勾起的短暫、偏激的情感。

7 成為一個懂得感謝、給予他人勇氣的人

為人主管，每天應該抱持著什麼樣的心情過日子呢？

精神飽滿、積極正向、活潑開朗，能有這些感覺當然最好。不過，你也無須為了達到這樣的效果，而刻意表現出元氣滿滿的樣子。

無論自身意願為何，主管們為了成為部屬的表率，大多會下意識的將自己的狀態調整到最健康、最堅強的程度。但根據本章所引用的阿德勒心理學，**人們最想擁有的其實是「勇氣」**。所謂勇氣，在這裡是指「**克服困難的力量**」，這是在打造具有建設性的人生時，一種不可或缺的力量。

阿德勒心理學把積極推動部屬、讓他們擁有力量、能克服困難的行為，稱為「給予勇氣」。能夠給對方勇氣，就可以讓他更相信自己；而能夠相信他人、並發現對方心中美好事物者，就是可以給他人勇氣的人。

要給予對方勇氣，不是拚命誇對方「做得好」，而是要開口說出：「謝

謝，你幫了我大忙！」。**比起誇獎，更重要的是發自內心的感謝。**

你的感謝及肯定能讓他成長更快

當你只給予外在的激勵（即胡蘿蔔和棒子），只會增強部屬的依賴性。換言之，部屬真正需要的不是橫向開展的評價，而是縱向發展、能夠促進互信關係、並讓部屬獨立自主的感謝及肯定。

為人主管要先有勇氣，才能給予部屬勇氣，而想讓部屬提起勇氣，最重要的就是要讓部屬感受到自己對組織、團隊有所貢獻。如果主管和部屬之間的關係，不但有建設性且能互相信賴，部屬在這種狀況下，就會自然而然的產生更多勇氣，並樂於接受挑戰。

如此一來，你所帶領的團隊一定會充滿活力及希望。

8 投資自己，有三種方式

對每天以工作決勝負的主管而言，週末假日或是平日的夜晚，就是重要的恢復時間。前文也提過，一旦狡猾主管讓團隊成員自動自發、並把內部的工作外包，就可以把省下來的時間拿來做別的事或休息。

然而，休息也有好壞之分。充實自己、自我投資是好的休息，白白浪費時間是不好的休息。好不容易有喘口氣的時間，有人用來暴飲暴食、賭博，渾渾噩噩的度過。這麼做或許當下會很舒暢，但麻煩的是後遺症。例如暴飲暴食的結果是搞壞身體，賭博的結果是債臺高築，大家還是小心為妙。

主管的自我投資，大致可分為以下三種：

1. 與「與他人會面」、「獲得新資訊」、「四處走動」有關的活動。

2. 能維持身體健康、強健體魄的活動。

3. 找出時間自我反省、重新審視目前的工作與生活。

1 指的是和平日生活圈以外的人見面，例如參加讀書會、電影欣賞會等，能使你接受不同刺激、**增廣見聞的活動**，可直接或間接開拓你的視野。若想成為有深度的人，不妨透過這些活動攝取更多養分。

2 領導者最大的資本就是健康。新聞也常常報導，許多大公司的經營者、領導人都非常熱愛運動、挑戰鐵人三項。如果你覺得生活枯燥、疲倦，與其睡大頭覺，還不如養成規律運動的習慣，更能紓壓。

3 **一週只要空出數十分鐘，或一個小時自我反省就夠**。好好利用這段時間回顧當週發生的事，並規畫下星期要做哪些事。把腦袋和心情稍做整理。

當你好不容易從繁忙的工作中空出了一點閒暇，千萬不要虛耗度過；狡猾主管要懂得聰明利用這些時間，如此一來，就能比其他人搶先一步往上爬，不斷向上提升。

緣尋機妙，多逢聖因

日本著名的思想家安岡正篤曾說過：「善緣會自然發展出更好的緣分，真的非常奇妙——這就是所謂的緣尋機妙；當你與善人結交，就會有好的結果——這叫多逢聖因。因此人們一定要盡可能思考如何遇見好的機會、常去好的地方、與好人結交、多讀好書。」

誠如安岡大師所言，各位一定要心存善念、不斷累積正面能量。

9 習慣從不背叛你，不論好壞

我經營人才顧問公司，曾見過無數成功、失敗的經營者及領導人，其中有兩句話讓我印象深刻，且在之後每次演講、寫作的場合中，我都會一而再、再而三引用：

「一事成功，萬事順利。」

「人是習慣的生物。」

提到習慣，也許各位未曾注意到，我們每天都在重複數量驚人的習慣。從早上起床刷牙，到在熟悉的道路上駕駛，我們都能以「自動導航」的模式進行，好讓大腦不會因為專注於每個刷牙的動作，或不斷微調方向盤的細節而負荷過度。大腦會透過定位這些習慣迴路做出反應，進而達到「習慣成自然」的境界。換句話說，只要重複操作，就可讓該動作成為習慣。

好習慣比努力可靠百倍

然而，一個人不論言行舉止多麼大方、從容，當他在工作崗位上執行任務時，存在於內心深處的習慣（或說本性），還是會原原本本的顯露出來。

習慣最可怕的地方，在於一旦養成壞習慣，你怎麼甩都甩不掉；然而，反過來說，如果你養成了**好習慣，同樣會在無意之間表露無遺**，將你帶往更好的方向。

暢銷全世界的自我啟發書《世界上最偉大的推銷員》（奧格・曼狄諾〔Og Mandino〕著）中，有一句非常經典的名言：「任何人都應該遵守的法則，就是創造好習慣，並成為好習慣的奴隸。」日本棒球巨星鈴木一朗也曾說：「想完成夢想，得先從累積微不足道的小事開始。」

的確，習慣是靠不斷重複做小事培養出來的。好人主管天天為「大事」努力，甚至不惜做到粉身碎骨。狡猾的主管則是不逞強，每天反覆做著「微不足道的小事」，持續累積之下，等你回過神來，就到了一個意想不到的地方。

努力很重要，但是**比努力可靠百倍的武器是習慣**，因為習慣絕對不會背叛你。身為主管真的無須過度逞強，隨時保持坦率、表現出真實的一面，就可以帶動底下的人跟著效法，讓你擁有一支自動自發的團隊。

第七章

不想每天窮忙瞎忙，就運用七個小撇步

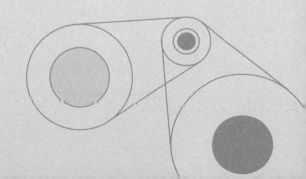

1 你必須表面很無害，內心很多戲

關於狡猾管理，前面已經說明得差不多了。本章的總歸納，我想以「狡猾主管的領導力」為主題，說明「不想每天窮忙瞎忙的七個小撇步」，讓你每一天都比昨天更狡猾。各位若不想老是吃悶虧，就要好好把握這一章的內容。

根據日本生產性本部的調查（Japan Productivity Center，簡稱JPC），過去在一九九〇年，日本的勞動生產性（每位就業者的平均國內總生產額），在經濟合作暨發展組織（OECD）中排名第六，但到了二〇一二年，排名則大幅滑落到第十八名。

而國際管理發展學院（IMD）的統計資料更指出，日本的國際競爭力，已從一九九二年的世界第一，一路下跌至二〇一四年的第二十一名。

雖然各家公司的營業目標都不同，但身為狡猾主管，你最該注重的仍是自家團隊的生產性。因為上頭的人對於一支生產力高，又能不斷締造佳績的團隊，絕對不會有任何牢騷。

多做、做久都沒有用，你需要的是效率

請各位先有這樣的認知：公司絕對不會因為你花時間、肯努力，就支付你較高的薪水，每個受薪階級的收入，都是來自**公司收益的部分配額**。

換言之，狡猾主管必須把部屬（或說整體團隊）的生產性放在第一位。你要精準比較每個成員的平均業績、利潤和營業利益為何，並正確的把每個人放在最適合的位置，你的團隊才能穩定的朝著生產性極大化邁進。

但要怎麼做，才能讓底下的人既肯乖乖聽話，又死心塌地的為你付出？首先，別用口才，你得靠演技。最好能做到**表面很無害，內心很多戲的境界**。善用各種手段，以和藹的口吻讓部屬照著你的話做，卻又不覺得被奴役而心存怨恨；更要讓他們認為你很親切可靠，但又不會像猴子一樣爬到你身上。換句話說，你得設法成為一個「會讓人想跟隨的主管」，具體做法將在下節說明。

2 展現五種個人特質，部屬超想跟隨你

為人主管最想聽的一句話，大概非「我想跟隨課長，希望將來成為像您這樣的人」莫屬了。在狡猾管理學中，成為「讓部屬超想跟隨的主管」是非常重要的主題。

美國社會心理學家羅伯特．席爾迪尼（Robert Beno Cialdini），在他的著作《影響力：讓人乖乖聽話的說服術》中，介紹了六個看似一般，卻絕對會影響對方的六個心理原則。分別是：互惠（Reciprocation）、稀有性（Scarcity）、權威（Authority）、承諾與一致（Commitment and consistency）、社會認同（Social proof）與喜好（Liking）。

日本職場生涯專家小笹芳央（曾於知名顧問公司 Link and Motivation Inc. 擔任董事長），便以這六大心理原則為基礎，把領導力的來源歸納成五種特點。他認為一個有魅力的領導者，必須具備以下五種特性：

- 驚人的（專業性）。
- 出色的（具個人魅力）——多互動。
- 堅定的（一致性）。
- 可貴的（互惠性）。
- 可怕的（具有權威）。

各位身為公司的主管，都是靠著專業才晉升為管理職，所以大家應該都能充分發揮驚人的專業能力，這點不需多做解釋。

至於出色的個人魅力，乍看之下好像有點難以捉摸。但人類接收到的訊息，其實有九成以上都來自視覺。所以你的外貌給人何種印象，將會決定你個人魅力的高低。例如，帥哥、美女給人第一眼的感覺，大多就是個會做事的人。

儘管如此，各位不具高顏值的一般人（抱歉啦）仍然有勝算，因為**人們較容易對於接觸頻率高的人產生好感。因此，千萬不要小看和部屬談話、交流的次數**，當你主動出聲打招呼、給部屬一個微笑，這些都是可以增加你個人魅力

圖表7-1　魅力領導者的五種特性

1	驚人的（專業性）
2	出色的（具個人魅力） —— 多互動
3	堅定的（一致性）
4	可貴的（互惠性）
5	可怕的（具有權威）

的做法（切記，這也是幫助你表現出「表面很無害」的重要行動）。

威嚴是種無聲的強制力

而在工作上表現出堅定的一致性，應該不用我多說。看了前文這麼多的例子，相信大家都知道，一位主管若能**對專業表現有所堅持**，必定能贏得部屬的信賴及尊敬。

再看到互惠性，這是席爾迪尼在《影響力》一書中特別倡導的關鍵理論。人若受惠必會感恩，也就是施與受（GIVE & TAKE）的原則。每個人都不喜歡欠人家東西，尤其**人情債更難還。互惠就是基於這種心理原則得以發揮效用**。

至於令人畏懼的權威，則是一種最原始的力量。由上而下型（Top-down）的組織、或是軍隊、政府機關等官僚型的團隊，大多透過這種結構讓組織發揮機能。只是，自古至今，不論東、西方國家，以強權號令者，大多會讓部屬表面服從、卻在不自覺中被底下的人出賣（如凱撒大帝）。就中、長期的觀點來看，這應該不是大家希望看見的現象。

但對主管而言，威嚴仍是職場上很重要的要素。在工作上要適時發揮你的威嚴，並使它變成你的人格特質之一。最好能達到讓部屬私下提醒：「在主管面前最好不要敷衍搪塞！」、「千萬不要對他說謊！」的效果。威嚴是一種無聲的強制力，希望各位狡猾主管都能發揮這種不怒而威的影響力。

3 部屬的自由，不能大到動搖你的位子

每個人都希望自己是重要的，前面已經提過了「讓部屬滿足自我重要感」的例子，而主管同樣有這樣的需求。

但如果你為了能讓部屬信服，而處處幫他們設想周到、事後收拾殘局，就會再落入好人主管的陷阱，完全違背了狡猾管理的原則。

當發生了連你也無法招架的狀況時，你只需耐住性子、專注想著一件事：如何保住你現在的位子。

如果你是握有最後人事權的最高決策者，那麼不必煩惱，只要你能確保自己的地位不被動搖，儘管放手讓部屬去處理即可。萬一底下的人不照公司的方針做事，導致嚴重疏失時，就搬出你的人事權，給予應有的處罰（如減薪、降職、降級、解僱等）。但是，你雖握有「權力」這把尚方寶劍，出鞘時還是要格外小心，如果濫用人事權，你的部屬將會一個一個離你而去。

部屬如果太自由，他們就會放棄你

坦白說，公司裡立場最為難的，就是擔任中階管理職的主管了。儘管你很想進行狡猾管理，讓部屬自由發揮長才，但尷尬的是，如果部屬光靠自己就可以做得很好的話，公司還要你這個主管幹嘛？這可真是傷腦筋。

關於這點，我提供兩個對策。

第一個對策：你得讓底下的人搞清楚，主管與部屬各自擁有的權限和責任有什麼不同。

部屬擁有的權限和責任是「執行」和「報告」；主管所擁有的權限和責任是「命令」和「結果」。我希望你告訴團隊成員，他們可以在團隊的框架內自由發揮。然而，制定團隊框架大小、範圍、規範，是為人主管的工作，換句話說，這是你的權限和責任。

只要這麼做，就不會讓部屬產生誤解。他們心裡明白，儘管能放開拳腳執行任務，但仍把主管的指示放第一位。如果這部分曖昧模糊，一個不小心，部屬就有可能不認你這個主管、甚至放棄你。因此，**韁繩不用拉得太緊，但絕不能完全放開**。

第二個對策：除了職場之外，你還得找出其他可以滿足自我重要感的場所。例如，下班後和家人共享天倫、與老朋友聚會談心等。讓自己在離開公司之後，另有豐富的生活，這除了有助於生涯發展之外，也可以讓你在重回崗位之後大顯身手。

即使職場狀況百出，下了班之後，你還是另有後臺朋友在支持著你，所以平日一定要好好珍惜家人、夥伴、朋友。

4 規矩先說清楚，部屬就覺得不受拘束

狡猾管理最神奇的部分，就是**能讓部屬在你所規畫的賽局中，「自認為」不受拘束**、得以盡其在我的執行業務（但其實一切都是你布的局）。

因此，當大家利用前述方法創造賽局之後，還要注意後續的「維修及保養」。為了打造更高品質的狡猾工作環境，我希望各位確實設定以下這四個重要項目：

- 使命（Mission）。
- 願景（Vision）。
- 價值基準（Value）。
- 行動基準（Way）。

其中的「使命」是要告訴大家，公司、組織為何而存在；「願景」是公司、組織將來想要實現什麼；「價值基準」是在公司、組織當中的工作者，要珍惜、重視什麼；「行動基準」則是清楚定義員工在實際執行任務時，要以什麼為基準採取行動。

早早定下規矩，你就不用每天耳提面命

為什麼要設定這四個項目？因為若你每次都等狀況發生後，才一個一個從頭思考、確認、決定，真的很麻煩。若在事先就設定好，所有的人在執行業務時，無論發生什麼狀況，只要重新回想這四個項目就行了。

更棒的是，就算上頭的人沒有主動說明，團隊成員也能意識到「我們的使命就是這個」、「現在的行動是否已經偏離行動基準？」，而自行修正做法，你就不必再像個嘮叨的家長不斷耳提面命。

為了讓團隊、公司能順利在軌道上運作，請確實設定這四個項目。

5 用單純對付複雜，從結論反推做法

儘管每個主管都想成為能看見大局、並以工作本質為重的聰明人，實際上卻很難做到。提到「聰明」二字，不少人一定會聯想到學習能力的高低，但請放心，比起聰明才智，職場上更重要的，其實是「地頭力」。

地頭力三個字，源自於中國山東地區的農村用語，原指種子衝破土壤、向上生長的能力，後來引申為**不靠任何知識就能解決問題，或是不受框架束縛、遇到狀況不找藉口，想盡一切辦法克服困難的能力**。

當企業面臨挑戰時，若有人能快速反應、清楚說出自己的邏輯和假設，並言之有理的說服眾人，這種人就擁有高地頭力，更是企業最需要的人才。

敝公司的合夥人之一細谷功，數年前曾出版了一本暢銷書《鍛鍊你的地頭力》。他在書中定義的地頭力，指的是能「從結論出發，大膽提出假設」、「掌握整體輪廓，再進行分類」、「簡化思考後，抓住問題本質」的思考能力。換言之，地頭力由以下三個要素（思考力）構成：

1. 從結論出發的「假說思考力」。
2. 從整體出發的「架構思考力」。
3. 簡單思考的「抽象化思考力」。

當你想釐清事物的本質時，只要從這三個觀點去思考就行了。

從現實面往後退一大步

此外，細谷功更補充說明：想展現地頭力，必須「從現實面往後退一大步思考」。這就和每天盯著電腦、手機，眼睛很容易近視一樣，**你得站遠一點才能看得更清楚**。當團隊成員找你諮詢時，其實不用想太多，簡單從結論出發、掌握全體樣貌、並單純思考對策，你會發現，事情往往沒有你想像中複雜。

6 管理你的人緣和運氣

成功的經營者、領導者，都具有人緣好、運氣好的特質。他們不會因為身居要職而表現得高高在上，反而是走親民路線，和公司上下都超麻吉。

或許會有人認為，「那是因為他們已經很成功了，你當然會這麼說」，但好人緣和好運氣真的可以靠管理得到。請各位掌握下列兩個原則：

- 養成可以召來好人緣和好運氣的習慣。
- 確實感受及掌握現在的人緣和運氣。

對於以上這兩點，我希望各位狡猾主管們能夠積極執行。首先解釋何謂「可以召來好人緣和好運氣的習慣」，舉例如下：

- 時時面露微笑（不能皮笑肉不笑，你得發自內心的覺得開心）。
- 做事有效率，維持工作的速度感。
- 懂得取捨，不該是你的，就瀟灑的捨棄。
- 和人緣好的人做朋友。

好心真的會有好報

另外，關於「確實感受及掌握現在的人緣和運氣」這個原則，則要有以下兩點認知：

- 時時把「好運循環」（好心有好報）這件事放在心上。
- 正視情緒，清楚意識自己當下是偏向正面積極或負面消極。

擁有好人緣和好運氣的人，因為較常處在最佳狀態，最能表現真實的自己；然而，當他們狀況不好時（如被上頭責罵、進度落後），往往會做出違背自己真正想法的行為。換句話說，人只有在「最像自己」的狀態下才能沉穩踏實，而為了營造能坦率做自己的環境，你得真誠的對周遭每個人表示謝意。

日本經營鬼才齋藤一人，就常把「時時心懷感謝」、「活在當下，做好該做的每一件事」等口頭禪掛在嘴邊。

狡猾的主管除了要做好風險管理之外，也要做到「運氣管理」（luck management），隨時心懷感謝，好運自然就會到來。

7 聽見自己內在的聲音，你就隨心所欲

大家知道職場上最重要的「三個輪子」是什麼嗎？我大學畢業後進入瑞可利人力資源集團，第一件學到的就是這「三個輪子」，分別為「能做的事」（CAN）、「想做的事」（WILL）和「該做的事」（MUST）。而**這三個輪子互相重疊的部分，就是能讓你完全發揮長才的所在**。

前文提過的史蒂芬．柯維博士（見第六章），曾將這三個輪子再進一步深入研究，進而提出了「內在的聲音」（VOICE）一說，由下列四個要件組成：

- 天賦。（自己最擅長的是什麼？）
- 需求。（公司的需求為何？）
- 熱情。（我真正想做的是什麼？）
- 良心。（我應該做些什麼、不該做些什麼？）

這四個要件重疊之處，就是你「內在的聲音」所在。

相信各位主管、領導者們，都希望能在工作或人生中，找出自己的內在聲音。當你能夠傾聽自己的心聲，便能進一步引導部屬，去發現自己的內在聲音。而這些內在聲音正是能讓你活得神采奕奕、讓工作更有意義的基石。

你開始動，別人就跟著動

那麼，該怎麼做才能發現自己的內在聲音？

柯維博士說，將上述四個要件逐一和領導者的屬性重疊，就會出現「願景」、「自律」、「欲望」、和「道德」四個項目。而這四個項目是從人類的四個面向「良知」、「肉體」、「情緒」、「精神」引導出來的：

- 用良知讓自己的潛能和他人的需求產生連結。
- 為了實現願景，你得控制情緒上的衝動和肉體的欲望（發揮自律心）。

- 但為了實現願景，你也得讓內心的熱情和欲望湧現（這是一種基於確信的力量，也是讓人保持自律的原動力）。
- 在精神層面上，則要透過知道什麼是對、什麼是錯的道德觀，鞭策自己貢獻力量，做些有意義的事情。

如此一來，就可以讓「內在的聲音」變得更加明確且堅定。總而言之，為人主管者的行動依據，始終都是心中的內在聲音。當你能夠驅動自己，自然就能影響部屬和周圍的人。

結語
最受人愛戴的，其實都是狡猾主管

看了這麼多狡猾管理的方法，大家覺得如何？相信從明天開始，你的管理方式就會不同於以往了。

請各位先從自己做起，成為一個狡猾的主管後，把部屬、相關人等都一起拉進來，透過彼此信任並順其自然，組成一支懂得自律、自動自發的團隊，帶著熱情，朝著目標繼續挺進。

關於主管該如何在不吃虧的情況下帶領團隊，我已經從各種角度為大家介紹過了。但講了這麼多狡猾管理的方法，請各位還是要以「絕不壓榨、虐待部屬」為原則。

乍看之下，主管好像很狡猾，都把工作推給了底下的人。但是，把工作交給部屬的同時，其實是為了讓他們成長，並提供創造業績的機會。而當你狡猾的向部屬求助，也是為了要讓部屬提升自己的重要感，好讓主管和部屬的關係更緊密；最重要的，是要他們學會自己動腦思考。

換言之，主管這麼做全是為了培育並拔擢基層部屬。而且我們還得狡猾的裝出無害的樣子——不擺架子、不盛氣凌人，用親切、親和的態度贏得信賴。

只要你持續秉持著這種做法，一定可以在部屬之間形成口碑。屆時你一定會聽到下列對話：

「不知道為什麼，總覺得課長真的很狡猾！」

「嗯……乍看之下是這樣沒錯，但他真的是關心我們、為我們著想才這麼做的，而且他總是有意無意給我們機會，並提供協助呀。」

「是呀，我雖然覺得課長狡猾，但如果是他開口要我幫忙，我一定會去做。我其實還滿崇拜他的！」

不得人心的主管，很難繼續往上爬

其實大部分的部屬都有個認知，那就是別真的和主管鬧翻（否則日子就不好過了）。那些把自己搞得不得人心的主管，一定就是因為擺弄權限、對底下的人頤指氣使所致。

在過去的年代，專橫跋扈的主管就算在職場上以大欺小，部屬們也必須忍耐，但現在這個時代，這種主管很難混得下去。現在是資訊化社會，在處處講求公開、透明的企業，這種暴君型主管的一舉一動，不論公司內外一定都傳得很快，而且現代的部屬大多很有主見，他們一旦真的受不了你，絕對不會戀棧，反正工作再找就有，何必留在這裡受氣？

提醒各位，**能幫助你往上爬的，永遠都是你底下的人**，唯有當部屬乖乖聽從你的指示做事（不論他有沒有意識到自己被指使），你才有機會做出好成績、繼續往上爬；而一個遭部屬唾棄的主管，自然也與升遷無緣。

主管必須樂在工作

主管身為公司的管理階層，責任自然重大。公司把人力、預算及各項活動的資金編列下來，就是要我們透過極力爭取客戶、並利用各項商品和服務，賺取營業額及利潤。

換句話說，我們就是這個「商業遊戲」的領航者，自然必須先樂在其中，才有可能帶領底下的人一起衝鋒陷陣。如果我們不能先讓自己快樂起來，工作遲早會出狀況，不是「做法本身有錯」，就是「做得不夠多」。至於解決方法，我在前文都已經介紹過了。最後，我還要再補充兩個重點。

一、當發生緊急狀況時，你有膽量上陣嗎？

把不重要的業務外包、努力「讓自己不努力」，只要做好這兩項要點，你和你的團隊便能找到最有效率的做事方法。

但是，把業務外包，部屬難免會有失敗的時候。能夠事先察覺徵兆、防患未然當然最好，但總是有防不勝防的時候，這時主管的態度就非常重要了。

切記，千萬不能動怒大罵：「你在搞什麼！」、「這是你的責任！自己想辦法解決，我不想管了！」緊急狀況發生時，主管臨陣脫逃是最糟糕的表現。

你應該要藉此機會，帶頭示範如何解決這樣的難題。也就是說，你必須坐陣指揮，從詢問部屬：「究竟發生什麼事？說明一下狀況！」開始，**彼此共同研究應對方案，讓膠著的狀況動起來**。這雖然不是什麼大不了的表現，但至少可以發揮穩定軍心的效果，並串聯眾人一起克服困難。

二、你願意擔負起最後的責任嗎？

我在第七章和各位提過，部屬擁有的權限和責任是「執行」和「報告」；主管所擁有的權限和責任是「命令」和「結果」。

換句話說，大家一定要清楚知道，部屬和主管的職責完全不同。但不管發生什麼事情，主管一定要替最後的結果負責。

主管之所以為主管，以及主管的存在價值，就在於這個人**可以完全負起最**

後的責任。

因為你對這件事有明確的認知和覺悟，被委任的團隊才會相信你、你所扮演的角色才會有分量。簡單來說，唯有如此，才能突顯你的才幹和器度。

為人主管必須靈活應用狡猾管理，提升每位員工和團隊的工作氣氛，並發揮領導力，讓眾人在崗位上各司其職。

記住，你並非孤軍奮戰，你擁有一整個團隊。

後記
身為主管，我首度吐露的真心話

當初要寫這本《好人主管的狡猾管理學》之前，我擔心很多地方會被讀者誤解而非常猶豫。但是，在我以人才顧問的身分，和企業經營者、幹部會談時，我深深體認到主管帶領部屬時的辛苦、努力和煩惱。我想這本書一定能對他們有所幫助。一個轉念之下，我決定挑戰看看。

透過這本書，我把我在人才顧問公司的工作現場中學到的各種實例，毫無保留的介紹給大家。最重要的是，我是以為人主管的立場寫下了這本書。所以全書的一字一句全都是真心話，大家覺得如何？

關於狡猾管理這個主題，光是章節安排我就更換了五、六次以上，每次都覺得好像差不多了，到最後又全部推翻、從頭再來。我出版過多部著作，這是第一本讓我在安排結構階段就這麼煩惱的書。

在這段期間，我真的非常感謝責任編輯多根由希繪，一直包容我的任性（當時我經營的人力顧問公司案子正多，忙得幾乎沒有時間寫稿）。而在潤稿階段，也多虧有她的大力幫忙，我才能如期完成這本書。

另外，在這裡，我還要感謝本公司企畫團隊成員中村洋子，不斷替我調整工作時間表。另外還有敝公司的新井，真的非常謝謝你們。

這本書的內容其實很普通，但我在撰寫這本書的時候，大街小巷都在談論人才管理市場過剩、血汗企業等問題，所以我把主管最理想、以及管理人力時應有的態度，以最生動的方式寫進書裡。

從過去到現在，我從遇見的每位企業經營者、經營幹部身上學到了很多。雖然無法將他們的大名一一列出，但我真的衷心感謝上天，讓我有幸認識這些優秀的人才。

如果本書能為天天努力奮鬥的主管、領導者加油打氣，並提供具體的解決方法，我將感到無比喜悅。

國家圖書館出版品預行編目(CIP)資料

好人主管的狡猾管理學：我自己來做還比較快？難怪你老是替部屬收爛攤，當主管該有的心理素質，要從狡猾開始。／井上和幸著；劉錦秀譯. – 二版. -- 臺北市：大是文化有限公司，2021.07
240面；14.8x21公分. --（Biz；368）
譯自：ずるいマネジメント　頑張らなくても、すごい成果がついてくる!
ISBN 978-986-0742-23-7（平裝）

1. 企業領導　2. 組織管理

494.2　　110007341

Biz 368

好人主管的狡猾管理學

我自己來做還比較快？難怪你老是替部屬收爛攤，當主管該有的心理素質，要從狡猾開始。

作　　者／井上和幸
譯　　者／劉錦秀
美術編輯／林彥君
副 主 編／馬祥芬
副總編輯／顏惠君
總 編 輯／吳依瑋
發 行 人／徐仲秋
會　　計／許鳳雪
版權專員／劉宗德
版權經理／郝麗珍
行銷企劃／徐千晴、周以婷
業務專員／馬絮盈、留婉茹
業務經理／林裕安
總 經 理／陳絜吾

出 版 者／大是文化有限公司
臺北市100衡陽路7號8樓
編輯部電話：（02）23757911
購書相關諮詢請洽：（02）23757911 分機122
24小時讀者服務傳真：（02）23756999
讀者服務E-mail：haom@ms28.hinet.net
郵政劃撥帳號：19983366　戶名：大是文化有限公司

法律顧問／永然聯合法律事務所
香港發行／豐達出版發行有限公司
Rich Publishing & Distribution Ltd
香港柴灣永泰道70號柴灣工業城第2期1805室
Unit 1805, Ph.2, Chai Wan Ind City, 70 Wing Tai Rd, Chai Wan, Hong Kong
Tel：21726513　Fax：21724355　E-mail：cary@subseasy.com.hk

封面設計／林雯瑛　內頁排版／江慧雯
印　　刷／緯峰印刷股份有限公司
出版日期／2021年7月　二版
定　　價／新臺幣360元（缺頁或裝訂錯誤的書，請寄回更換）
I S B N／978-986-0742-23-7
電子書ISBN／9789860742213（PDF）
9789860742220（EPUB）